古谷経衡

敗軍の名将

インパール・沖縄・特攻

GS
幻冬舎新書
633

人生で
最も貴重な瞬間
それは決断の時である
太平洋戦争は
われわれに平和の尊さを教えたが
また生きるための教訓を数多くのこしている
——『アニメンタリー　決断』

はじめに

同調圧力と理不尽への抵抗

圧倒的な火力を誇る米軍の前に、バンザイ突撃を繰り返して屍の山となる日本兵。密林の中で敵の空襲から逃れながら、飲料水すら事欠き物資欠乏状態で餓死する日本兵。太平洋戦争における日本兵と日本軍のイメージは、おおむねこのような形で繰り返し映像や物語として語られてきた。一方でここ20年ほど、あの戦争を「アジアの解放のための戦いだった」と定義し、むしろ日本軍の開戦初期における快進撃や有利な戦いのみにフォーカスする動きも加速している。

果たして太平洋戦争を、いずれの視点で捉えればよいのか。答えはその両方である。大本営の立てた無謀な作戦の中で、遠いジャングル地帯に倒れた日本兵と、アジアの欧米植民地や自治領に対し果敢に攻勢作戦を決行して成功した日本軍の姿は、両方事実であり、私たちは常にこの両方の視点を総合的に勘案してあの戦争を捉えなければならない。

しかしながら、その両方の視点を合わせても、結果として日本が敗北したことは揺るがしようのない事実である。全般的に日本軍部は米英の戦力を侮り、日本の工業力――つまり航空機生産力や物資補給力以上に戦線を拡張した結果、無残な敗北に終わった。その結果あの戦争で軍人２３０万人、民間人80万人が死んだ。この事実を無視することはできない。

その理由は、大前提として日本の工業力の乏しさにあったが、それと同時に東京の大本営が机の上だけで考え、認可した荒唐無稽な作戦計画のまずさであった。日本兵のほとんどはいくら劣勢になっても投降を拒否し、無意味な総攻撃を繰り返して、最後まで米英軍との戦いを続け、アッツ、ガダルカナル、ニューギニア、フィリピン、サイパン、硫黄島、沖縄等で玉砕していった。「国家総力戦」という、工業力を筆頭に国家が持てるすべての能力を戦争につぎ込んだ第二次大戦において、日本の戦争指導部ほど無責任で、戦略的概念を喪失した人々はいない。これについての国民的総括は、戦後長らくを経た現在でも行われていない。

軍隊とは上意下達の完全なる階級ピラミッド組織である。上官や中央がＹＥＳと言えば、どんなに理不尽な作戦や命令でも部下である現場はＮＯと言うことはできない。ＮＯと言えば「抗命」とされ、軍法会議で死刑もあり得る。このような理不尽な状況の中、日本陸海軍の多くの将兵は、東京の大本営が決めた作戦に律義に従って密林や山岳や空や海に散っていった。彼らを「英霊」と言えば聞こえはよいが、言い方を変えれば理不尽極まりない命令に従わされた犠牲者とも言える。

しかし当時の日本軍将兵の全員が、理不尽で無謀な計画に従ったのかというと、これは間違いである。日本軍と言えば根拠の乏しい非科学的な精神主義、能力以上の攻撃精神、玉砕を前提とした特攻と破滅がイメージされ、実際にそうした場合が多かったのだが、現代の社会においても、世の中の同調圧力や上司、中央からの理不尽な要求に正論で抵抗し、極めて合理的で冷静な判断力を持つ人々が少なからずいるように、当時の日本軍にもそのような人々がいた。

彼らは玉砕や特攻という軍事的には無意味な作戦命令を否定し、強い制約のもとで最後まで合理的精神を持ち続けた。結局日本軍は敗北したが、彼らを単に「敗軍の将」として断じるだけでよいのだろうか？　そこから私たちは、現代に通底する同調圧力と理不尽な命令や計画への抵抗という、普遍的な反省と教訓を得ることはできないだろうか？

本書で扱うのは、戦争という狂気の時代、なおも正気を保ち続け、暗愚な上官や中央の命令に最後まで抗い、手持ちの資源しか使えないという厳しい制約の中で、精神主義や非科学に傾倒することなく、合理的精神を貫いた不屈の指揮官たちである。

彼らの行動の中にこそ、憲法は変わり民主的傾向が復活したかに思える戦後日本社会においても、ほぼ当時と変わらない無根拠な精神主義や非科学的精神論、同調圧力が跋扈する現代を生きる私たちにとって、あまりにも多くのヒントがあると思うからである。私はあえて彼らを「敗軍の将」とは呼ばない。「敗軍の名将」と呼ぶ。

4人の「敗軍の名将」

本書で取り上げるのは以下の将軍と司令官たちである。1人目と2人目はインパール作戦に従軍した佐藤幸徳《こうとく》中将とその部下、宮崎繁三郎《しげさぶろう》少将（のち中将）。インパールという言葉自体、現在に至るまで「無謀・無策」の代名詞として人々の記憶に残っている。補給の実態を全く無視して行われたこの作戦によって、参加した日本兵約10万人のうち、実に約4万人が死んだ。そのほとんどが飢えとマラリアによるものであった。日本兵が撤退したジャングルには白骨が転がり、「白骨街道」と呼ばれたのは有名である。

だが、この「無謀・無策」の象徴とも言えるインパール作戦にあって、日本軍の中では軍の歴史上唯一、部下の命を守るために軍法会議での死刑も恐れず、上官に逆らって撤退行動を採ったのが佐藤中将であった。また、餓死とマラリアが蔓延した日本軍部隊の中で、実は一人の餓死者も出さないで撤退に成功したのが宮崎少将率いる宮崎連隊（第58連隊）である。極限の状況にあって、最後まで正気と合理的価値観を失わなかった2人の将軍は、どのような過程をたどり、いかにしてその決断をするに至ったのかを振り返る。

3人目は沖縄戦における高級参謀・八《や》原博通《はらひろみち》大佐。沖縄では軍民合わせて20万人の犠牲者を出した凄惨な地上戦が展開され、日本軍の一方的な敗北というイメージが強い。しかし八原は、上官や東京の大本営の方針とは全く違う防衛計画を考えていた徹底した合理主義者だった。

沖縄戦は日本軍が圧倒的な米軍に対して手も足も出なかったという印象が強いが、実は米軍上陸から約1カ月、無限とも思える圧倒的な米軍を五分五分の状況で抑え込んだ作戦を立案し、実行したのがこの八原大佐である。八原は沖縄守備隊司令部において唯一の生き残りとして戦後を生き、戦後、沖縄戦の述懐録を出版している。八原の記録を中心に、八原の考えた「上官や東京の大本営の方針とは全く違う防衛計画」とは何だったのかを振り返る。

4人目は、戦争末期、当時の日本軍としては最新鋭であった爆撃機「彗星」を用いて、主に鹿児島基地を中心に航空作戦の指揮を執った美《み》濃《の》部《べ》正《ただし》少佐である。1944年10月、米軍がフィリピン・レイテ島に上陸すると、日本海軍は初めての特攻作戦を行った。これ以後特攻作戦は、陸軍海軍を問わず、日本軍の捨て身の戦法として常態化し、多くの青年たちが海に散っていった。

一億総特攻、一億玉砕が叫ばれた戦争末期、東京の大本営にも現場の軍にも「特攻はやるしかない」という空気が色濃く広がっていた。しかし美濃部だけは違った。特攻作戦は軍事的に成果が少なく、かえって搭乗員の士気を低下させる。「生きて帰ってまた出撃すること」を合言葉に、最後まで特攻作戦ではなく、限られた資源という制約の中で、徹底的な創意工夫を行い作戦を実行し、終戦まで1機の特攻も出さなかったのが美濃部の部隊であった。ここにもまた、狂気の時代にあって正気と合理的価値観を失わなかった司令官の姿があった。美濃部の戦法と創意工夫から、現代の私たちが得ることのできる教訓を発掘する。

ちなみに執筆にあたって、私は本書で登場するすべての地に赴き、取材を行っている。インド東部のインパールとコヒマ、沖縄、美濃部部隊の拠点となった鹿児島のすべてに、何度も足を運んだ。よって本書は、多くの資料や文献を参考に構成されているが、最も重要なのは私自身の観察と観測に重きを置いていることである。だから紀行文的な記述も登場するが、戦跡に行かないでそれを書くというのは、実際の戦場の地名も場所も知らないで無謀な作戦を立案し強制した東京の大本営と同じ愚になると考えるゆえに、こういった記述を重視している。

さらに、太平洋戦争の理解は、ひとつの戦線や作戦を詳細に追っていけばそれで完結できるというものではない。太平洋戦争自体、1937年から続く日中戦争の延長にあり（もっと言えば1931年の満州事変から）、1939年9月からの欧州での第二次大戦の戦況と密接にリンクしている。太平洋戦争への俯瞰的理解には、これらの将軍や司令官の行動のみを記していけばよいわけではない。よって本書では、できるだけ戦争全体の把握ができるよう、補助的に欧州戦線やその背景にあった国際関係、国内事情等にも筆を進めている。

同調圧力と理不尽と、時として再び狂気にさらされつつある現代日本において、「敗軍の名将」から得られる教訓が現状打開の一助となれば著者としてこれ以上の喜びはない。

敗軍の名将／目次

図版・DTP 美創

第一部 インパール

――佐藤幸徳、宮崎繁三郎の抵抗

佐藤幸徳（一八九三―一九五九）

宮崎繁三郎（一八九二―一九六五）

私はまちがってはいなかったのだ！
何も恥じることはなかったのだ！
私が決心した通りにやっていたら、勝てたのだ！

――牟田口廉也『抗命』

インパールへの旅

自分の足でこの地を踏みたい

私がインパールに強い関心を持ったのは、１９９３年６月のことであった。１９９５年の戦後50周年を前に、ＮＨＫが『ドキュメント太平洋戦争』という全６集のスペシャル番組を放送した。その第４集にあたる『責任なき戦場 〜ビルマ・インパール〜』を観て衝撃を受けたためである。当時私は10歳、小学校４年生のときだ。

私は当時からすると珍しい軍事少年で、旧海軍の艦艇プラモデルを熱心に組み立て、在りし日の連合艦隊の勇姿に心を躍らせていた。赤城、加賀、蒼龍、飛龍、長門、大和、扶桑、青葉、妙高……、太平洋戦争緒戦、真珠湾攻撃から南方作戦まで華々しい大戦果を挙げた旧海軍の大型艦艇の模型を組み立て、塗装していくとき、少年だった私は連合艦隊が威風堂々と東へ西へ走る姿をイメージした。もちろんこれらの艦艇がのちに悲劇的な運命を遂げることは分かってはいたが、緒戦を制したこれらの旧海軍に、どことなく少年らしい幼稚でいて壮大な「勇者」の姿をダブらせていた。

そんな中で観た『責任なき戦場 〜ビルマ・インパール〜』は、私の旧軍に対する漠とした憧れをことごとく粉砕するに十分なものであった。日本からはるか離れたビルマ（現・ミャンマー）。そこを拠点として、岐阜から東京までの距離に相当する長さで横たわる、峻険な山岳と大河を補給なしに東インドのインパール目指して徒歩で行軍する約10万人の日本兵。作戦は全くでたらめで、成功する見込みがゼロの異常極まりない構想であった。その結果日本軍は約4万の兵を失い、飢えとマラリアと豪雨の中、元来た道をただ敗走していく。

作戦の責任者は直接的には第15軍司令官の牟《む》田《た》口《ぐち》廉也《れんや》中将だが、その上司であるビルマ方面軍の河辺正三中将、南方軍（総軍）、そして大本営へと責任の所在はつながっていく。しかし太平洋戦争中最も無謀と言われたこの大作戦の大失敗の責任を誰も取らなかった。そして日本は敗戦への道を転がり落ちるように突き進んでいく。

少年だった私の旧軍への憧れは木っ端みじんに粉砕された。所詮私の憧憬というのは、海軍における緒戦のお話であって陸軍のものではなかったのだ。

大学生になって、高木俊朗氏の『抗命』を読んだ。高木は、陸軍報道班員としてインパール作戦に従軍し、戦後ノンフィクション作家となって世に言う「インパール5部作」を書き上げた。その中で『抗命』は、インパール作戦において最も難路を行った第15軍隷下の第31師団（佐藤幸徳中将）にスポットを当てた名著である。

圧倒的な理不尽の中、それでも懸命に部下の命を守ろうとする佐藤中将の行動は、涙なしには読めなかった。このころから私は、漠然といつかインパールに行きたいと思うようになった。
時は過ぎ私は物書きになった。齢30を過ぎて少しばかり経済的余裕ができると、取材と称して海外旅行を頻繁に行うようになった。特に私は医師から暖地療養（暖かい地域に行って養生すること）を勧められていたし、なにより北国育ちで寒い地域は生理的に嫌だったから、熱帯地方に特別な執着があった。

タイ、ベトナム、フィリピン、マレーシア、インドネシア、シンガポールなどＡＳＥＡＮの主要国はすべて回った。２０１６年になって、いよいよ私は宿願であったインパールへの旅を本格的に検討するようになった。それまで私は、インドはその東部のコルカタ（旧・カルカッタ）しか行ったことがなかった。13億の民を有し経済成長著しいインドの中で、コルカタは東部最大の商業都市であり、人口１５００万を有する近代的ビルと猥雑さが混交する活気ある巨大都市だ。だが、インパールはコルカタのさらに奥の奥。コルカタから先に渡航経験のない私は、インパールにどう行ったらよいか、当初皆目分からなかった。

そこで少し調べてみると、日本からインパールへの道のりは、大きく分けて2通りのルートがあることが分かった。まず東京から直行便の出ているバンコクへ向かう。そこからコルカタかデリーへと向かってこのどちらかを経由してインパールへ向かう。インド東部のさらにビルマ国境に近いインパールには空港があるが、国内線しか就航していないのである。航空機全盛の時代にあってなお、インパールへは東京から2回も飛行機を乗り継いでようやくたどり着くのである。どんなに乗り継ぎ時間を合理的に立案しても、片道2日かかる計算であった。

当時私はネット番組の週1レギュラーを持ち、各種の連載原稿の締め切りが切迫していたこともあって、片道2日×2の、単なる往復だけで4日を費やすインパールへの旅行は無理と判断して一旦は断念した。しかし2017年5月ごろになって天佑神助《てんゆうしんじょ》が舞い込んだ。私の週1レギュラー番組が特別編成のために7月頭に1週分だけ脱落すると告げられた。要するに2週間の猶予が与えられたのである。これならば行けると思い、私はインパール旅行計画を再考した。どうせ行くのなら、インパールだけではなく『抗命』に登場するコヒマも訪れてみたい。このコヒマはインパール北方約100キロにある山岳都市で、実はこの都市こそインパール作戦において日本軍が進出した最大限界の地だった。インパールとコヒマ訪問。私はこれを旅の絶対目標に決定した。

しかし考えてみればおかしな話である。インパールは日本では、その地名的意味を飛躍して無謀・無策・失敗の代名詞として使われている。私がインパールに行った後、東京五輪が2021年夏に行われたが、この強行開催に反対する人たちはインパールになぞらえて「東京インパール2020」とか「東京インパール2021」などと皮肉ったほどだった。何かにつけてツイッターやネット記事では、コロナ禍における東京五輪強行開催をインパールのようだ、とか、まるでインパールのような無謀愚挙である、と形容する向きが非常に多かった（Ｐ１５３コラム参照）。

日本軍の失敗を研究した名著『失敗の本質』にはインパール作戦が登場し、その帯には小池百合子東京都知事の「この本は私の都政におけるバイブルである」とのコメントが記載されている。事程左様にインパールとはあらゆる意味で無茶苦茶・不可能の代名詞として拡散されているのに、私の周囲でインパールに行ったことのある人間は一人もいなかった。多分小池知事もインパールに行ったことはないのだろうと思う。のちに報道されることだが、第二次安倍政権の末期、安倍晋三前総理大臣がインパール訪問計画を立てたものの、コロナ禍がいよいよその勢いを増すと立ち消えになった。そうこうしているうちに第二次安倍内閣は総辞職した。総理大臣でさえ、インパールに行ったことはなかったのである。

インドに行ったことのある人は大勢いる。しかしインパール訪問経験者はほぼ皆無だった。コヒマについては言うまでもなく然りである。戦史に詳しい、と称してインパール戦についてなにやかやと書くライター群にも、やはりインパールの現地を訪れた者は絶無だった。すべて戦後の資料からの引用で、実体験ではなかった。——これは、私自身の目で確かめなければ。私自身の足でインパールの地を踏まなければ、インパールについて語ったり書いたりすることは本質的にはできないのではないか。この情動がやがて執念となって私の背中をインパールへ

インパールへと押したのである。

日英両軍の遺品との邂逅

さて、インパールまでの道程を東京―バンコク―コルカタ―インパールと決定したはいいが、その先のコヒマにどうやって到達すべきか見当がつかない。コヒマには空港すらないのである。陸路で行くしか方法はない。私は中学2年で英検3級に合格しただけで語学の才能はまるでない。しかしのちの努力によってどうにか、英語で談笑できるまでの能力は身につけたつもりでいる。だが初めて行くインパールで、私の即興の英語を駆使してコヒマまで無事たどり着けるかどうかは未知数であった。

そこで私はネットを調べつくし、インパールおよびコヒマへの旅行を扱っている社はないかどうか探した。1社だけあった。日本人が現地インドで経営する小さな旅行代理店である。メールで、インパールとコヒマ、できればウクルル（インパール作戦における日本軍側補給拠点）の3点を周遊したいと告げると、「インパールとコヒマは可能だが、季節的都合と道路事情などもありウクルルは不可」と回答が来た。それでもまず良しと思い、郵便局から社の本拠があるデリーに国際送金して私のインパールへの旅は決定した。しかしこの時の、「季節的都合と道路事情などもありウクルルは不可」という担当者からの文面の真の意味を、私は嫌というほど現地で痛感することになったのである。

２０１７年６月末、私はごく軽装で成田からバンコクへ飛び立った。インパール作戦は１９４４年３月８日に開始され、７月１日に天皇に作戦中止が上奏され、正式にその年の７月３日に中止送達がなされている。今回の旅はまさにこれと時空を超えて時期を同じくするだけに、私にとっては天佑であった。日本からの持ち出しは、半袖シャツを５枚程度、替えのズボンを３本程度とあとは化粧品と薬、およびＰＣ類など電子機器を国内旅行用の小さなキャリーケースに詰めた質素なものであった。「荷物は半分にせよ。所持金は２倍にせよ」という「マーフィーの法則」を海外旅行の際には忠実に実行している私は、足りない分は現地調達でよいと考えていた。実際に、このような軽装でこれまでのあらゆる海外旅行は何とかやってきたのであった。この判断が、実に無思慮で浅はかであったことを、私はインパールで思い知ることになる。

バンコクは何十回も足を運んでいる南国の楽園である。バンコク中心部の定宿に１泊して、屋台の麺類で腹をくちくした後、翌日にはもうコルカタへ向かった。コルカタ空港は成田に匹敵する近代的空港で、ここからインパールに向かう国内線に乗り換える。インドには国内最大のＬＣＣ「インディゴ航空」というのがあり、私はこのエアラインでインパールに向かった。

現地空港に着くと、日本人の私は別室に通された。なぜか。インパールはマニプール州の州都で、その北部にナガランド州が隣接する。実はこのナガランド州というのが少々厄介で、インドからの分離独立を企図するゲリラが跋扈し、インド国軍がこの付近一帯を厳重警戒しているのである。だからインド人はよいが、外国人がインパールに降りると尋問されるのだ。しかしこれはごく形式的なものに過ぎず、私が20代の最後で経験した「蛮勇」――、つまり韓国が実効支配する日本海の絶海の孤島・竹島（韓国呼称・独島）に韓国側から上陸する際の、韓国慶尚南道ポハン港で受けた韓国公安当局からの執拗かつ徹底的な尋問に比べれば屁でもなかった。

　空港出口では、社の手配するガイドが出迎えてくれた。年のころ40代半ば、インパールに住むアランバム氏である。実はこのアランバム氏が戦後のインパール戦史研究に深くかかわっている人物であるとすぐに判明した。アランバム氏はコルカタ大学でＭＢＡを取得したインテリで、実父がインド国軍軍人の地元の名士であった。インパール作戦における日英両軍の遺棄物や遺品を土の中から掘り起こし、自宅の敷地内に私設の「インパール博物館」を開設しているというほどの大人物だったのである。

　インパールの旅で、アランバム氏の協力がなければ、私は絶対にコヒマにたどり着くことはできなかったであろう。アランバム氏は、私設博物館を経営する傍ら、地元の人々や観光客を相手に戦史ガイドも行っている。どうも私が手配を依頼した社の担当者が、私のパスポートの

アランバム氏と筆者（*）

写しからグーグル検索し、私が「そこそこ」知名度のある物書きで、取材のためにインパール戦跡周遊を切望していることを察知してくれたらしい。申し込み書には「旅行したい」としか書かなかったのに、担当者の粋な計らいとグーグルという現代的辞典のお陰で私は最高のガイドと巡り合うことができた。

すでに薄暮のインパール市は、人口30万人という割には活気に満ちていた。市場には人々が行き交い、舗装された道路には車の渋滞が起こっている。しかし、経済成長が年に5%とか7%とかいう、ほとんどゼロ成長の日本から比べると夢のような高度成長を遂げる大国インドにあって、やはりインパールはインド東端の辺境に過ぎなかった。コルカタで見慣れた近代的高層ビルはひとつとしてなく、5階を超えるようなビルディングは疎《まば》らかゼロであった。少しわき道にそれると途端にみすぼらしいかやぶき屋根の住居と、未舗装の路地と水たまりが延々と広がっている。中国の地方都市でもこんな状況は見られない。大国インドの経済成長の恩恵は、この辺境にはわずかしか届いていないのであろう。

まず私はアランバム氏の私邸に招かれた。目算で300坪はゆうにあろうかという豪邸で、美人の奥さんが紅茶を出してくれた。邸宅の中には2匹の犬と猫がおり、私は動物が好きなのです、と言うとアランバム氏の顔はほころんだ。母屋に隣接する別棟にアランバム氏の私設博物館があった。入って慄然《りつぜん》とした。アランバム氏が生涯をかけてインパール周辺の土砂の中から収集した日英両軍の遺棄物や遺品——例えば鉄兜《てつかぶと》、飯盒《はんごう》、小銃、不発の手榴弾《しゅりゅうだん》がガラスケースの中に綺麗に展示されており、壁面にはインパール作戦で日本側の攻勢に際して防戦、のちに追撃にあたった英印軍総司令官スリム中将と、日本側の第31師団長佐藤幸徳中将の写真が掛けられていた。なぜか日本軍の直接の総司令官であった牟田口廉也中将の写真はなかったが、その代わりに日英両国旗が飾ってあった。

アランバム氏はインパール作戦において、日英両軍のどちらが正邪かを問うことはなく、どこまでも中立の立場であった。アランバム氏は全く日本語に堪能ではなく、漢字は読めなかったので、むしろ私がその日本軍側遺品の解説をすることになった。昭和18年、19年製造と読める鉄兜や飯盒、あるいは三八式歩兵銃の断片。この銃は日本が日露戦争以来使っていた兵器であると説明すると、アランバム氏は大きくうなずいてメモを取っていた。それ以外にも、日本

私設インパール博物館に展示された日英両軍の遺棄物・遺品（＊）

兵の遺品や、戦後遺族から寄贈されたのであろう連隊旗が展示してあった。昭和16年と刻まれた硬貨や、短刀、銃砲弾の数々。日本から数千キロも離れたインド東部で、こういった遺品と邂逅できるのはひとしおの感慨である。私は頬に熱いものを感じてアランバム氏と記念撮影した。彼の几帳面で実直で、公正中立な戦争への理解の姿勢に、私は異国人として深い感銘と感嘆を得たのであった。

　私設博物館を一通り見学したのち、もう遅いのでこのままホテルに行こう、というアランバム氏に送られて、旅行会社が手配したインパールで最も格式の高いホテルに泊まった。とはいっても調べてみると日本円で1泊7000円くらいの宿であったが、ここインパールでは三つ星ホテルであった。「明日の朝、7時に迎えに来る。すぐコヒマに向かう」と告げてアランバム氏は去っていった。はてさて、インパールからコヒマまでは直線で約100キロ。いかに蛇行したとしてもその2倍の200

キロに満たない、せいぜい１５０キロというところであろう。時速60キロで向かえば2時間強程度で着くのに、どうしてそう出発を急ぐのか。私は腑に落ちなかったが翌日、その理由は判明するのである。

インパールの「三つ星ホテル」は例によって海外でよくあることだが、シャワー室しかなかった。これは慣れているとしても、湯をひねると冷水しか出ない。私は温と冷をひねり間違えたのかなと思い、何度も試行錯誤したがやはり冷水しか出ない。両生類が部屋の中までひっきりなしに侵入してくるフィリピンのダバオでもこんな経験はない。フロントに、冷水しか出ないのだが……とクレームを言いに行ったが、困惑したホテル係員は、「これがこの施設の最大限界である」と返答した。仕方なく私は冷水で体を洗った。外気温30度を超える真夏のインパールの蒸し風呂のような暖気が、窓を開けると直に入ってきた。冷水で震える体にはこれが救いであった。インパールの旅の前途に漂う暗雲が、すでにここ「三つ星ホテル」から始まっていた。これがインパール旅行の1日目であった。

想像を絶する悪路

翌朝7時きっかりに、几帳面なアランバム氏はフロントで待っていた。アランバム氏は地元の名士だけあり、トヨタ製の大型ＳＵＶに乗っている。自家用車をほかに2台所有していると

ロクタク湖の全景（*）

いうのだから、このあたりでは大金持ちである。1日目にはいなかったアランバム氏の助手A氏が運転手となる。彼は英語が堪能ではないらしく、専ら私との会話は助手席に鎮座したアランバム氏に限られた。まず向かったのはインパール市のすぐ南隣に位置するロクタク湖である。インパール戦を記した文献では必ず「ログタ湖」と呼称されているが、戦後になって改名したのか、それとも現地語発音にならったのか、現在では「ロクタク湖」と発音・表記する。

インパールは、盆地の中央にある。はるか遠くに、アラカン山系（パトカイ、ナガ、チンなどの山脈の総称）の霊峰が連なり、その山岳地帯から急激に標高を低くして盆地を形成している。そのすり鉢状の盆地の最も底部にあるのがインパールである。このアラカン山系を「徒歩」で越えてきたのがインパール作戦における日本軍であったが、その日本軍がインパール市突入を目の前にして英印軍の抵抗に遭い、撤退を余儀なくされたのがこのロクタク湖周辺である。日本軍はここで、あと4マイル（約7キロ）というところまでインパール市に肉薄したが、遂に市には突入できず撤退したのだった。

実際に目にするロクタク湖は、文献からの想像とは違って湖というよりは巨大な沼沢《しょうたく》であった。琵琶湖のような満々とした湖だと漠と想像していたが、現実には沼に等しい。後で調べてみると、この沼の最も深い部分でも最大水深は4・6メートルだという。潜って潜れないことはない。ロクタクの沼には水草が繁茂し、養魚用とおぼしき網が点々としている。ここでは大型淡水魚がよく釣れるという。昼食にはこの沼で捕れた淡水魚の唐揚げが出たが、正直言ってあまりおいしいものではなかった。パサパサとして脂気がなく、よく言えばヘルシーであるが臭みが強い。その臭みを大量の香辛料を振りかけて無理やり消している印象があった。

アランバム氏はロクタク湖畔にあるインパール戦記念碑に私を案内した。ここが州政府やインド政府が公認しているインパール作戦における日本軍追悼記念碑で、戦後、日本軍の生き残りや遺族の手によって立派な御影石《みかげいし》の顕彰碑《けんしょうひ》が建てられたのだった。私は墓地守衛のインド人から花束を買い、献花黙禱した。黙禱している人は私一人で、雨季に入っているインド東部はひっきりなしに大雨・小雨に見舞われる。花と併せて求めた蠟燭《ろうそく》を焚こうとしたが、雨のため、火はついては消え、ついては消えし、アランバム氏も何とか火をつけようと頑張ったが降雨に

第33師団の顕彰碑（*）

は抗しがたく結局献灯は断念した。日本語で、ここを攻撃した第15軍隷下の第33師団の柳田元三中将らとその部下を称える文章が刻まれている。守衛の老人は、毎日この墓地への水やりと草刈りを欠かさないのだという。その証拠に、墓地内は整然としていた。

　高木俊朗氏の『抗命』では、何度もインド東部の自然について「赤土が」とか「赤土がむき出しになって」という記述が出てくる。普通、日本で赤土というと、家庭菜園用の肥料とか特別に作った観葉植物の堆肥程度の認識でしかないが、インド東部の地面は本当に赤い。赤というか黄土色に赤の絵具を混ぜたような色の地肌が、ところどころむき出しになっている。その赤土がこんもりと丘陵を形成しているのが日英両軍激戦の地で、日本軍第33師団はここで進撃を阻まれたのである。そして戦後、まさにこの赤土の丘陵の目の前に日本軍追悼記念碑が建てられたのであった。

ロクタク湖の記念碑で献花した我々は急ぎ、インパール市郊外にあるチャンドラ・ボース記念館に至った。インド独立の英雄として、独立の父ガンジー、インド初代首相ネルーと併せて「三傑」とされるのがこのボースである。のちに詳述するが、このボースこそインパール作戦に深く携わったインド人である。日本が南方作戦により迅速に英領マレーやシンガポール、そしてビルマを占領すると、そこには大量のインド出身兵がおり、続々と日本軍に投降した。時の首相・東条英機はここに目を付けた。これらの地域で投降したインド兵をまとめて、インド侵攻の先鞭をつける――。そのインド人部隊の指揮を任された人物こそ、コルカタ出身で、当時日本に亡命していたボースである。インパール作戦に、ボース率いるインド人部隊が同行していたことはあまり知られていない。

記念館の敷地正面には、堂々たるボースの銅像が建てられ、展示物にはボースの旅の記録が克明に記されている。ボースはインド独立を軍事力によって勝ち取ることを企図した武闘派であった。最初ボースはドイツに赴き、アドルフ・ヒトラーに謁見。イギリスと戦争状態であった枢軸ドイツの力を頼ってインド独立を画策した。その後太平洋戦争が始まり日英が交戦状態になると、ボースは潜水艦に乗って日本に到着。シンガポールで「自由インド仮政府」を設立し、インパール作戦においては日本軍に帯同した。欧米ではガンジーやネルーの評価は高い半面、ボースのそれが今ひとつであるのは、彼がナチスに頼ったからである。しかしここインドでボースは英雄であった。ボースはインパール作戦が失敗し、インド独立が日本軍の武力で成し遂げ得ないという失意の中、日本の敗戦直後台湾で航空機事故に遭って死ぬという悲劇的な最期を迎える。

アランバム氏はいよいよコヒマに向かうためにSUVを北方に向けて走らせた。「揺れるから気を付けて」と氏は言った。インパールからコヒマへは、まさに日本軍が遮断しようとした「インパール街道」が南北に走っている。アランバム氏はここを北進してコヒマに向かおうという目算であった。『抗命』をはじめ、その他多くの文献には、日本軍がこのインパール街道に進出したとき、「幅10～20メートルにもなる立派な舗装道路であった」旨記述されている。

インパールを攻略するためには、その北にある補給拠点コヒマをも攻略し、両都市の分断を迅速に行わなければならない。そのため日本軍はこのインパール街道を封鎖することで、インパール攻略を推し進めたのである。インパール街道は、太平洋戦争の緒戦、日本軍が英領マレー、そしてタイを経由してビルマを占領した際、

インド人部隊を率いてインパール作戦に同行したチャンドラ・ボースの銅像（＊）

インド側に日本軍が侵攻することを恐れて急遽、イギリスが現地人を動員して整備した大街道であった。そのため私は、現代的な感覚からして（そして戦後も70年以上を過ぎているのだから）、てっきり「アスファルトで舗装され、ガードレールで守備された高速道路のようなもの」がインパールからコヒマまで通っているものとばかり思っていたが、現実は全く違っていた。

　ロクタク湖から北進した我々が乗るＳＵＶは、やがてインパール街道に至り、遮二無二コヒマに向かって北上する。舗装道路とは名ばかりで、現実のそれは「単に岩石や小石が除去された未舗装の山岳道路」に過ぎなかった。想像とは全く異なる一本道が続いていた。これが正真正銘、日本軍がその遮断を熱望した（――実際に一時期は部分遮断に成功した）インパール街道であった。どうしてここに突入した日本軍はこの道を大規模な舗装道路と表現したのか。思えばすぐに合点がいく。

　私たち現代人は舗装道路＝アスファルト道路だと思っている。しかし当時にあっては、舗装道路というのは自動車が通っても小石や岩石に衝突してタイヤがパンクしない道――、という程度の認識だったに違いないのである。アランバム氏の助手のＡ氏が運転するＳＵＶは、すぐさまコヒマに向かう急峻な登坂道路に差し掛かった。雨季でぬかるんだインパール街道は、なるほど確かにその幅20メートルはあるであろう。しかし、そこにはアスファルトはなく、ガードレールもなく、まして信号機もなく、速度表示もない。戦後70年以上たってもこの状況なのである。アランバム氏が「すぐにコヒマに向かう」と私にせっついた理由はここに判明した。

「この道は、73年前と何ら変わっていない」

アランバム氏が激しく揺れるSUVの中で説明した。

「ここをイギリス軍と、日本軍が通ったんだ」

トヨタ製のSUVはなるほど頑強であるが、インパール街道は私が文献から予想したよりもはるかに過酷な道で、現代ですらアスファルト舗装されていない単なる田舎道であった。日本標準だと市道ならぬ「私道」水準である。雨季の中、泥濘が広がり、道の真ん中に大きな水たまりができる。その都度SUVは進行を停止し、その陥没を避けて慎重に進んでいく。しかしいくら頑強なトヨタのSUVであっても、陥没を避けてもなお、頭が天井に激突するぐらい凄まじい上下の振動が加わる。私は車酔いには慣れている方だが、さすがにこれはこたえた。時速60キロで向かえばインパールからコヒマなど2時間強で行ける――、と考えていた私の楽観が完全に間違っていたのだ。

驚くべきことに、雨季の真っ最中にあったインパール街道は、南のインパール方面から来る車と北のコヒマ方面から来る車がすれ違うたった2車線の道路であったが、未舗装でガードレールもないので、タタ製の大型トラックが谷底に落ちて横転し、その脇に運転手らや乗務員らがたたずんで難儀している姿を二度も目撃した。彼らは大丈夫なのか？　とアランバム氏に聞くと、「このあたりではよくあることである」とにべもない回答が来た。

凄まじい交通事故である。いや自損人身事故であろう。日本でこんなことがあったら大事故としてニュースになるはずなのに、ここ東部インドでは21世紀の現代でもこれが日常茶飯事であるというのだ。私たちのＳＵＶは、谷底に転落しないよう、山側に寄って、慎重に低速で走った。そして転落したトラックを横目で見ながら走ったのである。アランバム氏が運転手として助手のＡ氏をわざわざ雇ったのは、インパール市民でも滅多に行くことのないコヒマに到達するため、運転に長けて慎重なこのＡ氏が必要だったからだとその時初めて分かった。

そのうち、私たちのＳＵＶはどんどん高地に前進していく。右に左に、あるいは斜めにハンドルを切りながら、車は山岳地帯の一本道をひたすらコヒマに向かってノロノロ運転を続けた。インド東部とビルマ国境地帯は5月には雨季に入り、それが10月まで続くという。つまり1年の半分くらいが雨の地域である。インパール作戦から73年を経て、地球温暖化が進み、さすがにこの時期の雨は土砂降りという感じではなかったが、常に低く垂れこめた雲から小雨がひっきりなしに降っている。太陽が雲に遮られて見えない。車窓から見渡すインパール街道は、その小雨が降り続いて、いよいよ土壌が水分を保持できなくなったがために崩壊して、真っ赤な土が道路部分まではみだし、その都度ＳＵＶは慎重にその崩壊部分を避けながら、時折完全に停車して対向車の運転手と「進路を協議」しつつコヒマを目指すのである。

インパール街道周辺の密林地帯（＊）

インパール作戦を指揮した牟田口中将は、このインパール付近の山々を「青々とした山脈……」と表現したという。しかし戦後70年以上を経て見るインパールの山々は、到底「青々」などと形容できるものではない。それはただ人跡未踏の領域で、街道から一歩出ると漆黒のジャングル、密林である。昼間でもそこは真っ暗で、青などではなく黒なのである。そこには獣道一本もなく、昼であっても、街道から一歩出るとどんな獣がいるか分からないという始末で、到底人が分け入っていけるような余地はない。現代科学の粋を集めて作られたトヨタ製のＳＵＶでも難儀するような、異常に険しいジャングル地帯なのだ。ここを徒歩で、日本兵は行軍し、駄馬に荷物を背負わせ、20日分すなわち約40キロの糧秣を背負い、山砲や自動車を分解して運んできたのかと思うと、私は気が狂いそうになった。ここまでを徒歩で、はるかビルマから「２００キロ近く」行軍してきたとは……私は悄然とする思いであった。と同時に、インパール作戦の異常性を嗅覚に感知するが如くの思いだったのである。

途中から、何とも言えぬフォグ（霧）がインパール街道を埋めつくした。私は『抗命』の記述を思い出した。第31師団が目指して占領に成功したコヒマは、確かその標高1440メートルである。ということは、場合によっては低く垂れこめた雲がすでにこの地域全体を覆っていると想像するに難くない。何度かSUVは、ジャングルの切れ間から高地が見渡せる地点を通った。まさに大絶景であった。標高1000メートルを越そうとしていたが、一瞬パッと開いたその大高原には、真っ黒なジャングルがあり、人家とおぼしき赤や青色の粗末な屋根の不良住宅が急斜面に点々と建設されている。そしてその高地の中には低く垂れこめた雲が進出してきているのである。こんなところに人家があるのが不思議でならなかった。彼らの日常生活は一体どんなものなのであろうか……。

我々の目指すコヒマは、インパールを州都とするマニプール州の北部に隣接するナガランド州の州都である。このナガランド州こそ、インド領土の最も東の一角に位置し、ビルマと国境を接する秘境中の秘境であった。SUVはいつのまにかマニプール州を突破し、ナガランド州に入ったようである。分離独立を目指すナガランド州のゲリラが跋扈するというので、途中インパール街道では何度も軽機関銃を携行したインド国軍兵士が乗る軍用トラックに出会った。

しかしながらこの鬱蒼とした密林地帯の谷間を這うようにして延びるインパール街道にあるインド国軍の自動車に、よもや崖からゲリラが急襲する気配というものはない。人一人が隠れられるような窪みや茂みもなく、ただただインパール街道の、その幅わずか20メートルの未舗装道路の両側は漆黒の密林と崖なのである。しかしこの暗黒の空間に日本兵は潜んでいた。『抗命』によると、インパール街道に前進した日本軍はまさにこんな昼間でも暗黒の密林地帯に潜み、英印軍を奇襲している。はてさてどういった創意工夫で日本兵はこのジャングルに潜伏していたのか。到底想像に苦しむところであった。

インパールからコヒマまで、2時間強程度で到達できるだろう——という私の楽観は完全に裏切られ、正午過ぎにインパールの盆地を出発した我々がコヒマに到達したのは、日が没する寸前の午後6時であった。インパール街道がいかにくねくねと曲がっているとはいえ、インパール—コヒマ間の実走行距離は多く見積もっても１５０キロというところであろう。その走破に約5時間かかるということは、単純計算で我々の乗ったＳＵＶは平均時速30キロのノロノロで走ったということである。世界に冠たる性能を持つトヨタのＳＵＶですら、21世紀にインパール街道を走破するのに、時速30キロ以上のスピードが出せなかったということになる。これでは、インパールとコヒマの中間にあってさらに東に位置するウクルルなど到底回ることはできなかった。「季節的都合と道路事情などもありウクルルは不可」——、旅行代理店の担当者の言の意味を、私は再び噛み締めた。それほどコヒマへの道は厳しいのだ。

コヒマは大山岳の只中にある小都市で、その人口約８万人。この街が広大なナガランド州（本州最大の岩手県より少し広い、約1万７０００平方キロメートル）の行政機能のすべてを掌握している州都なのである。今日はもう遅い、とアランバム氏が言うので私はまたもそのまま宿に直行することになった。そこはコヒマで最も格式の高いホテルなのであったが、入った途端慄然とした。ホテルとは名ばかりの、只の平屋建ての、日本で言うところのうらぶれたビルトインタイプのラブホテルのようなところであった。後で調べると1泊３５００円と出た。しかしここでは最高水準のホテルであることは間違いなかった。

夕食はどうするか、とアランバム氏に聞かれて私はダイエットを理由に午後５時以降は何も食べないのだ、と言うと、彼と運転手のA氏は「貴殿はダイエットする必要などないではないか」と笑った。いや私は空腹こそ最高の良薬と思っているので、内地にいる間でも海外でも、おおむね午後５時か６時以降になると、つまみを別として何も食べなくなる。その代わり煙草と酒を嗜《たしな》むのである。

これに前後して、私はアランバム氏に少々無理筋な要求をした。「夕食を取らない代わりに、アルコールを入手したい」と欲したのだ。インドは宗教上の理由がゆえに、基本的には禁酒の国である。しかし実際インド人がバンコクやホーチミンに来ると、本国での枷《かせ》から解放されて酒をがぶがぶと飲む。インドの西に隣接するイスラーム教国であるパキスタンからの出張者も、タイに来ると監視がないのを幸いにして酒を飲む。宗教戒律の現実とはそんなところである。インドでも、大都市における外国人用のレストランでは酒類が提供される場所があるが、インパールもコヒマも、インドの辺境であるので外国人は滅多に来ず、酒類の提供は一切ない。

　こうした事情を旅行1日目で痛感した私は、アランバム氏にホテルに行って晩酌をしたいのでアルコールが欲しい、と要求したのだ。アランバム氏は苦笑して、助手のA氏に命じてSUVでコヒマ市内を走り、怪しげな「民家」に私を案内した。そこには何の看板もなく、日本で言う土間と粗末なカウンターがあるだけだったが、そここそがインドで禁止されている酒の密売小売店であった。日本円にして５００円かそこらで、透明な、何のラベリングもない2リットルの裸のペットボトルに満杯の焼酎が出てきた。「決して他言するなよ」というアランバム氏の無言の圧力の中で私はそれをホテルに持ち帰り、グレープフルーツジュースで割って飲んだ。バンコク・コルカタ経由でインド東部の辺境に来て、実に3日ぶりの酒のうまさであった。

「コヒマ最高の宿」の管理人は、40代前半くらいの現地の女性で、私を温かく出迎えてくれた。驚くべきことに彼女は私たちが想像する、目鼻立ちの整った、肌色の浅黒いインド系ではなく、私たち日本人と近似的なアジア系のモンゴロイドに見えた。ここにナガランド州の謎が解明される。ナガランド州には元来、インド中央部のコーカソイド人種ではなく、ナガを筆頭とするアジア系のモンゴロイドの少数民族が定住していた。そしてインド全体がイギリスの植民地となった19世紀から20世紀初頭、熱心なプロテスタントの宣教師がこの秘境を訪れ、彼らをキリスト教に続々改宗させていった歴史があるというのである。

どうりでＳＵＶがこのコヒマに前進したときに、その市街中心部にインドの他地域では見慣れない十字架を掲げた教会に何度も遭遇したのは、この地のこういった歴史的背景があるからなのである。よってナガランド州における分離独立の運動も、元をたどればヒンドゥー教が支配的なインド中央と、キリスト教（プロテスタント）を信奉するこのナガランド州の宗教的対立、および人種的対立に起因するようである。

「コヒマ最高の宿」に逗留した私は、インパール街道を遮二無二北上してきた際に、車窓から、あるいは路上に出て撮影したスマートフォンの写真をＰＣに取り込むべく、小さなキャリーケースに入れた、内地から持ち込んだＰＣに接続する作業にさっそくとりかかった。しかしキャリーに入れておいた富士通製のノートＰＣを開いて、私は慄然とした。ノートＰＣの液晶モニターにひびが入っている。なるほど、インパール街道を北進する際に何度も車の天井に頭をぶつけそうになる上下運動によって、ＳＵＶの後部トランクに入れていた私のキャリーがその衝撃に耐えられず、遂にその内部が破綻をきたしたのである。

ここでＰＣが故障すると、その後の旅程全体に重大な損害が生じる。しかし破損部分は液晶画面のみで、ＨＤＤは無事でウィンドウズは正常に起動した。安堵した。私はこの旅のメモを、すべてこの富士通製のノートＰＣの中にその都度書き込んでいて、さらにここから日本内地に原稿を送るつもりだったからである（——ちなみにこの液晶画面の損壊は、内地に帰国してから旅行損害保険でカバーすることができた）。いかにインパール街道が過酷か、この一事を以てしてもお分かりいただけるであろう。

「コヒマ最高の宿」はフリーＷｉ－Ｆｉが使える旨、室に但し書きがあった。確かにＷｉ－Ｆｉには接続できたが、その速度はまるでダイヤルアップかと見まごうほど遅く、Yahoo! JAPANのトップページを開くのに7分もかかった。これでは到底使い物にならない。そこで私は、バンコクで事前に用意していたＳＩＭフリー端末で何とかネットに接続した。インパール旅行中、全行程において最も奏功した私の下準備は、バンコクで買ったこのＳＩＭフリー端末だった。これがなかったら、私は数日間、日本内地の状況について知ることができず、原稿を送ることすらできなかったであろう。

当時のまま残る英軍戦車

翌朝、私は「コヒマ最高の宿」で身震いするほどの冷気にたたき起こされた。暦は7月に入り、ここインド東部は高湿度の灼熱地帯であるというのに、コヒマは標高１４００メートルを超える高原地帯であるから、朝の時間は極めて寒いのである。管理人から1杯の熱いコーヒーを貰って、共同のシャワー室で体を洗い洗髪する。シャワー室と言っても密閉されたものではなく、壁が半分しかなくもう半分は外に露出しているという簡易的なものであった。浴室の壁には時折、内地で見るよりも大きなヤモリがひょこひょこと顔を出して壁を這っている。備え付けのタオルで体を拭うと、私はこの宿に重大な備品が存在していないことに気がついた。ドライヤーである。管理人に「ドライヤーを貸してくれ」と言うと、管理人は怪訝な顔をして「そんなものはない」と言う。私は愕然とした。「では貴方は、濡れた髪の毛をどうやって乾燥させているのか」と問うと、「自然乾燥である」と答えた。

これには困った。あらゆる海外の宿で、ドライヤーがないという室に私は泊まったためしがない。個室に常備していなくとも、必ずフロントには貸し出しがあるものだが、この宿にはそんなものは1台もないという。長髪の私はほとほと困り果て、管理人に電器店の所在を聞いた。管理人の言うところ徒歩５分という近傍にコヒマ唯一の電器店があり、そこで韓国製のドライヤーを４０００円程度で買い求めた。電器店の品は洗濯機と冷蔵庫が中心の白物家電ばかりだった。コヒマは至るところが急な坂道で、現地の人が言う徒歩５分には３をかけて15分と見積もらなければならない。一寸近所を歩くにも行き帰りで徒歩30分を要する。私はこれによりようやく髪を乾燥させることができた。このドライヤーは、私が宿をチェックアウトするときに管理人氏に寄付することになる。

　アランバム氏は、またもきっかり約束通りの時間に私を迎えに来て、コヒマ市内の戦跡へと出発した。最初に見学したのは、山坂また山坂のコヒマにあって、市街のど真ん中にある場所であった。このコヒマはすでに述べた通り、佐藤幸徳中将率いる第31師団が攻略し一時占領した、インパール作戦における日本軍側最大進出点であったが、日本軍の攻勢を予期して英印軍が頑強な陣地を築いた要塞でもあり、ここで壮絶な激戦が展開されている。

　林道を分け入ると、私は意外なものを目撃した。そこには、擱座《かくざ》した英軍のＭ３《エムスリー》中戦車が、73年前と同じ姿勢で鎮座ましましていた。『抗命』を読むと、英印軍はコヒマよりさらに北方にあるディマプルから機械化師団を増援しており、『抗命』にはこの英軍の中戦車、Ｍ３を重大な脅威とみなす日本軍の描写が頻出する。これに対して日本軍はどのような対抗措置に出たのかというと、３０００メートルに迫るアラカンの山々を徒歩でやってきた日本軍は、山砲も、自動車も、すべて分解して手作業で運んできて、特にこのコヒマ攻略にあたった第31師団には、戦車は1台もないという有様であった。

　このＭ３中戦車は北アフリカ戦線においてドイツ・イタリア軍との戦闘で非常に重宝された兵器であるが、通常このＭ３の撃破にはその重厚な戦車装甲を貫通する対戦車砲を必要とする。当たり前のことだが、戦車というのはピストルの弾や機関銃の掃射を受けてもすべて撥ね返す強靭な装甲を有する。それを貫通して戦車を破壊するためには、対戦車砲という、戦車との戦闘に特化した特殊な装甲貫徹弾が必要となるが、ドイツ軍が当たり前のように持っていた対戦車砲について、日本軍は圧倒的に開発不足であった。なぜなら日本軍が戦っていた中国軍（国民党）には、戦車装備がなかったからである。よって日本軍の対戦車兵器の開発は遅れ、米英との対戦車戦において非常に苦労することになる。

そこで日本軍は、進出するイギリスのＭ３に対して、肉弾攻撃を仕掛けた。つまり特攻である。装甲地雷を背負った日本兵が隙を見てキャタピラー（車輪のホイールの全周を覆っている鉄のシリング）の下に潜り込み、体もろとも地雷を爆発させる。そうすると戦車の駆動源であるキャタピラーが破壊され、戦車の前進は止まるのだ。日本軍は、Ｍ３を止める術を特攻以外に持たなかった。そして私が今、73年の時を経て相対しているＭ３も、そういった日本軍の特攻攻撃によって擱座した戦車のひとつだったのである。

日本兵の血しぶきが車底部に染みついているであろうＭ３に、私は急に登りたくなった。アランバム氏は「危ない」と言って止めたが、私は遮二無二戦車の砲塔付近までよじ登り記念撮影をした。この戦車の擱座のために何人の日本兵が死んだのだろうか。戦没者を足蹴にするようで気がとがめたが、私はコヒマで唯一当時の英軍戦車が残されているというこの場所で、己がここまで来たという証拠を欲したのである。

擱座したまま展示されている英軍M3中戦車（＊）

　次に向かったのはコヒマ市内にあるインパール戦での英印軍の犠牲者を追悼する公的墓地であった。すでに述べた通り、コヒマは南のインパール、北のディマプルという戦略的要衝たる都市の中間地点にあり、補給拠点を兼ねていたため、英印軍の防備は堅牢であった。よって日本軍は、このコヒマの要塞攻撃に非常な犠牲を払った。そのコヒマ要塞のちょうど中腹あたりに、インパール作戦で犠牲になった英印軍の遺骨を埋葬した墓地が広がっている。

　私は目を見張った。綺麗に磨かれた墓石には、戦没兵士の姓名と、出身地、没年月日が記載されている。日本軍がコヒマを占領したのは１９４４年４月であったが、その後、英印軍が要塞や防塁から反撃に出たので、戦没者の命日は１９４４年４月、５月に集中していた。驚いたのはその戦没者の出身地の多様性である。イギリスは当然のこととして、ベルギー、オランダ、ノルウェー、

連合軍の戦没者を追悼する公的墓地（＊）

フランスなどの欧州連合国のほか、インド、ネパール、ブータン、バングラデシュなど南アジア出身の戦没者が目立った。英軍は、まさか急峻極まりない断崖密林のアラカンの山々を越えて、日本軍がこのコヒマまで攻め込んでくるとは想定していなかった。よって日本軍の攻撃に即応するために、当時イギリスの植民地であった南アジアの現地人構成部隊からなる混合兵力で日本軍との戦いに臨んだのであった。『抗命』にも、英軍の指揮下で、現地のインド兵が日本軍と交戦して多数戦死した旨が頻出する。

しかし私は、この墓地に来て一抹の疑問を持った。埋葬されているのはすべて連合国の兵士たちで、その数倍ないし数十倍の犠牲者を出した日本兵の記載はただの一兵としてない。例えば沖縄南端の摩文仁にある平和の礎《いしじ》では、沖縄戦で戦死した日本軍と米軍の兵士が一緒に祀られている。英印軍からすればいかに日本軍が敵であるとしても、一方的に連合国の戦没者のみを追悼するこの墓地には偏りがあるのではないか、という義憤がちらと私の脳裏をよぎった。

アランバム氏にこの義憤を問うと、意外な答えが返ってきた。

「この墓地に日本兵の記載がないのは、英領インドに対して敵であった日本軍への怨嗟が反映されたものではなく、単に日本兵の戦死場所と戦死月日が全く判明しないからである」

私はこの回答を聞いて悄然とした。思えば当然のことであった。インパール作戦は、1944年7月に正式に中止決定がなされ、3個師団約10万の日本兵がのちに「白骨街道」と呼ばれた道なき道を延々と後退するさなか没していった。コヒマの連合軍墓地には、戦死した英印軍兵士の遺骨が埋葬されているが、ちりぢりになって、食料不足で餓鬼の如き姿で撤退し、餓死していった約4万の日本兵の大群は、いつどこで死亡したのか。その氏名は何なのか。それすら、戦後70年以上を経てもその遺骨さえ収集されておらず、詳細は不明だというのである。このコヒマにあって、インパール作戦はまだその最終的結論に至らず、終わっていないのである。どこで日本兵の誰が死んだのか。いつ死んだのか。その遺骨はどこにあるのか。そんなことでさえ、戦後70年以上たった現地コヒマの人々にも判然としないのである。

私は慄然として宿に向かった。日は傾き、宿に着いたときにはもう日没となっていた。私はコヒマ2日目もまたぞろ密売店で求めた焼酎をグレープフルーツジュースで割ったもので晩酌をした。いかにこの地域が過酷か。密林に一歩入れば、生死すら判明せず、ただ70年以上にわたって土の中にその白骨が埋もれている。その現実に愕然としてやがてうたた寝は深い眠りに変わった。この時、私が破損した富士通製のＰＣに書き込んだ旅行雑感にはこうある。

「嗚呼……コヒマは、想像を絶する領域である。ここに日本兵が進撃してきたことそれ自体が奇跡であり、如何なりとも形容しがたい蛮勇なり」

佐藤中将が駐留していた民家へ

コヒマ逗留３日目の始動は、前日より遅い午後であった。アランバム氏が気を遣って、旅の行程の開始を午後１時としてくれたのであった。さすがにインパールに到着して４日目、コヒマに逗留すること３日目。21世紀の科学技術の粋を集めたトヨタのＳＵＶに揺られているからといっても、私の疲労はようよう限界近くに達していた。まず、７月の夏であるというのにコヒマの朝は身震いするほど寒い。その寒さが日中になると途端に摂氏35度近くの灼熱地獄に変わるのである。この高原地帯特有の寒暖の激しさに、私はさすがに身体的疲労を感じずにはいられなかった。

北海道の寒冷地帯で生まれ育ち青春時代を過ごした私でさえも、７月の夏真っ盛りのこの寒さは前例のない経験であった。熱帯地方で夏だから軽装でよいだろう、とタカをくくって現地での衣類購入に頼った私の計画はすでに破綻していた。この寒暖における灼熱地獄では半袖Ｔシャツはすぐに汗が染み込んで、体からにじみ出た塩分が結晶となって付着し、不衛生極まりない。半面、夜と朝の寒さは半袖では到底しのげない。「コヒマ最高の宿」に備え付けられたエアコンには暖房機能がなく、ごく単純な冷房機能しかないのだった。長袖かジャンパーを持ってくるべきだった、と私は今になって後悔したが、コヒマ市内で衣類を求めようにも、マーケットでは、バングラデシュ製の安い半袖Tシャツしか売っていないのである。長袖衣料などどこにもなかった。すべては私の楽観主義の敗北であった。

　また気になったのは、大量の蚊であった。熱帯地方に特有の、内地では見ることのできない大型の蚊が、市中にぶんぶんと昼夜の別なく飛び回っている。近代的大都市コルカタでは全く心配のなかった蚊が媒介するマラリア感染の危険性を感じ取った私は、「アンチ・モスキート・スプレー」をコヒマの市場で買い求めた。それが奏功したかどうかは分からないが、この旅行全般で私が蚊に刺されることはなかった。スプレーなどなかったであろう１９４４年当時の日本兵は、このマラリアに罹患して大勢が命を落としているのである。

　これまた定時に迎えに来たアランバム氏は「ミスター古谷、貴方は疲れていないか？」と私を何度も気遣った。私は虚勢を張って「全く問題ない」と笑顔で答えた。コヒマ3日目は、コヒマ市郊外にあるインド州政府が建設したコヒマ戦争博物館の見学である。コヒマ市街から山道を登って10キロほどの地点に、その博物館はあった。日英両軍の遺棄物、遺品がガラスケースの中に展示されており、コヒマ攻防戦で有名な「テニスコートの戦い（後述）」が精緻なジオラマによって再現されている。展示の概要を読むと、それは実に公平中立な視点であった。

日本軍の攻撃に防戦、のちに追撃にあたった英印軍をことさらに顕彰するものでもなければ、敗軍であり侵略者である日本軍を貶めるものでも全くない。ただ淡々と事実のみが記されていた。考えてみれば、当時英印軍は攻撃側である日本軍と戦ったが、そこに配属されたインド兵は植民地宗主国の英軍の命令に従って日本軍と交戦しただけで、日本に対する根本的憎悪というものはないのだ。

　展示物を目の前に、アランバム氏が解説する。

「英軍はともかく、インド人は何百年もイギリスによって虐げられてきた。よってインパールやコヒマに進撃してくる日本兵に親近の情を抱けど、敵愾心や憎悪というものは全くない。それどころか撤退する瀕死の日本兵を、英軍の斥候から匿って治療した者もいたほどである」

　この解説に私は深い感銘を受け、熱い感情が流れ出てくるのを押しとどめることができなかった。しかしここで最も度肝を抜かれたのはその展示物ではない。インパール作戦における日英両軍の遺棄物または遺品は、ガイドたるアランバム氏の自宅に建てられた私設博物館ですでに見ている。この公的博物館は彼の個人所蔵物を拡大したものに等しいとも言える。

　私は内地から持ってきたＪＴ製の煙草で一服するために、博物館の2階に上がった。そこで休息するさなか、私の眼下に、どこかで見た野草の群生が一面に広がっていた。それはすぐに、警視庁や各県警が「大麻草」として警告を呼びかける野生の大麻であることが類推できた。

「まさか」と思い私は博物館を飛び出してその周辺の地面に足を踏み入れた。そこは、ネットで検索すると出てくる、あの特徴的なヨモギに似た大葉を持つ、背の高さ2メートルになるかと思える大麻草の海であった。私はアランバム氏を呼んだ。

「これは大麻ではないのか」

と尋ねると、アランバム氏は、

「うん、そうだ」

と平然として答えた。私が野生の大麻草に触れるのは人生で初めてである。「伝統的には、宗教的儀式の際に、この付近の人々が使うのである」と彼は言った。インド東部の辺境では、野生の大麻草がこのようにして平然と自生して何百坪も群生していることが日常なのである。私はすかさず大麻草の海を背景にして記念写真を撮った。「次にコヒマに来たときには吸ってみればよい」と言うアランバム氏に、さすがの私もYESともNOとも答えられなかった。

インド—ビルマ国境は世界的に見ても秘境中の秘境で、大麻草はおろかアヘンやらも自生しており、それを収穫して密貿易し、現地人が貴重な外貨を稼いでいると伝え聞くが、それはどうも事実のようである。しかし不思議なことに、『抗命』にも、他のインパール戦史をつづった文献にも、この大量に自生する大麻草を乾燥させ、煙草の代わりにしたという記述はない。戦後になってこれら大麻草の海が突然出現したとは考えにくい。当時もこういった大麻草の海は存在していたはずだ。

雨季だから乾燥させる余裕がなかったのかもしれないが、この地に進出した日本軍は「物資の現地自給自足」を絶対原則としていたから、必ずこの大量の大麻草の海を目撃し、その糧秣の一部とする考えを持ったはずだが、インパール作戦における日本兵が、傷病の苦痛を少しでも癒すために自生の大麻草を噛んでしのいだ、という描写はただの1行も出てこない。撤退する傷病兵は健常な将校に煙草を頻繁に求めたが、大麻草を求めたという記述は皆無である。これは、私にとってインパール戦史最大の謎であり、現在もその疑問は解明されていない。

アランバム氏のＳＵＶは戦争博物館を後にし、さらに高地を登っていく。私は彼に「どこに向かうのか」と問うたが、彼は「行けば分かる」と言う。着いた先は、ナガランド州の少数民族が現在も暮らす小規模な集落であった。英語で、「日本軍最大進出拠点」と書かれているのが分かった。ここには、前述したアジア系のモンゴロイドに似た風貌の少数民族が定住し、現在でも数百人の人々が質素堅実な暮らしをしている。集落には戦後70年以上たった今でもアスファルト舗装道路というものはなく、砂利道とぬかるみが広がり、現地人が飼育している鶏が大量に放し飼いにされている。私はアランバム氏の先導で、1軒の民家に案内された。民家というより、それは粗末な物置という感じのバラックであった。これは何なのか。アランバム氏は答えた。

佐藤幸徳中将が逗留した民家(*)

「ここは、ジェネラル・サトーが滞在した家である」

なんと、コヒマを攻略した日本軍第31師団の師団長・佐藤幸徳中将が一時期寝起きをした民家が、現在でも現地の人々の努力によって保存されているというのであった。私は頬に熱いものが流れるのを感じつつ、その物置もといバラックに入った。室内は約8畳といったところで、戦後は代々この土地の所有者が倉庫として使っているが、時折観光客に案内するために残留物はかたづけて、１９４４年そのままの状態に保っているという。ここに、かの名将佐藤幸徳中将が滞在していたのだ……。

私は俄然感極まった。震える手でアランバム氏にスマートフォンを渡し、記念撮影をしてもらった。前線指揮官の滞在するにふさわしく、この場所はちょうどコヒマ市街を俯瞰できる山岳の中腹にあった。しかし雨季のため、眼下に広がるコヒマ市一帯は鬱蒼とした雲海に遮蔽され、地上の様子をうかがうことは至難の業であった。

佐藤中将はきっと内地から携行した双眼鏡等で以て、少しでも敵情を探ろうとこの民家から雲海の底を眺めて各部隊に指示を送ったに違いない。しかしその決死の指示も、結局はコヒマ撤退という佐藤師団長の「英断」によって無為に終わるのであった。

無残な失敗の本質を痛感

さてコヒマに逗留すること4日目。いよいよ離別の時が迫っていた。インパール作戦における重要な日本軍側補給拠点ウクルルの視察ができなかったのは心残りであったが、何せ東京からインパールまで片道2日×2、最低往復4日かかるのだから私の滞在日数は限界を迎えていた。旅行代理店の配慮で、帰路はコヒマから元来た道を南下してインパール空港に到達するのではなく、その北方にあるディマプル市の空港からコルカタに向かう手はずになっていた。

実はこのディマプル市こそ、インパール作戦の真の目的地であった。インパール作戦を指揮した第15軍の牟田口廉也中将は、インパールとその北部にあるコヒマを攻略したのちディマプルに突入し、そこを占領することでインド全体の英印軍の動揺を呼び覚ます挑発的な構想を「身勝手にも」思い描いていた。実際、1944年4月に、第31師団による突進でコヒマが「一時」陥落すると、牟田口中将は第31師団の佐藤中将に対して「即刻コヒマから前進してディマプルを攻略すべし」と督戦していた。しかし、コヒマはすでに述べた通り英印軍にとって重大な補給拠点であり、地形を生かした堅牢な要塞陣地である。この要塞の抵抗に阻まれて日本軍はコヒマから先に一歩も進撃することなく撤退したのであった。

　牟田口司令官がコヒマを攻略した日本軍第31師団に、「即刻ディマプルを攻略すべし」と説いたのは、牟田口自身の勝手な思い上がりと、現場の補給と現実を無視した空理空論にほかならなかった。１９４４年4月、このコヒマを攻略した日本軍第31師団は、携行した20日分の食料をほぼ食べつくし、鹵獲《ろかく》した英軍の遺棄食料に頼って何とかしのいでいたが、弾薬の補給はないまま、ディマプル方面から増援される英印軍の機械化師団に対し日を追って苦戦を強いられていた。

　インパールからコヒマまでは直線距離にて約１００キロであるとはすでに述べたが、このナガランド州の州都コヒマからディマプルまでは直線距離で約40キロである。これだけを考えると、インパール―コヒマ間よりは、コヒマ―ディマプル間の方が易路だと思える。しかし補給の限界に達し、食料弾薬が途絶した第31師団は、英印軍の激しい抵抗に遭ってコヒマのその先に一歩も進むことができなかった。すべては牟田口廉也中将の思い描いた独善的で身勝手な空理空論の上でだけ成り立つ絵空事であった。

　ではなぜ牟田口司令官は、コヒマ占領で納得せずその北のディマプル占領に固執したのだろうか。後述するがこのディマプルこそ、当時日本と戦争状態にあった中国国民党（蔣介石）を援護するために整備された大補給路「レド公路（援蔣ルート）」への要衝だったためである。日本は１９３７年の盧溝橋事件以来、泥沼の日中戦争に突入した。日本と戦争をする中国に、米英が物資や弾薬を大量に補給した。その命脈がこのレド公路で、牟田口はこの援蔣ルートをインド側から遮断し、蔣介石率いる中国を屈服させるために、コヒマを攻略した第31師団に迅速なるディマプルの占領をも指示したのである。しかしその作戦は、到底無謀で実現不可能な異様極まりない妄想であった。

コヒマ逗留４日目。アランバム氏が定時に「コヒマ最高の宿」に私を迎えに来た。向かうはコヒマから北へ約40キロにあるアッサム州に隣接する、ナガランド州最大の都市・ディマプルにある空港で、そこから私は国内線を乗り継いでコルカタに向かい、バンコクを経由して東京に帰還する手はずであった。ここで私の邪念がむくと沸き起こった。戦後70年以上を経て、援蔣ルートの最大級のものであったレド公路への要衝であるディマプルを、少しでもよいから見学したい。ディマプル空港からコルカタに飛び立つインディゴ航空の便は、その日の午後４時発であったから、最悪午後３時くらいまでは融通が利くだろう。アランバム氏は実直にも私の要求をのみ、ディマプルに向けてＳＵＶを出発させた。

インパールからコヒマに向かうインパール街道は、山また山の急峻な山岳道路であったが、コヒマからディマプルへ向かう道は、ひたすら高原を下るだけの坂道である。ディマプルはコ

コヒマからアラカン山系を望む（＊）

ヒマと違い、雄大なガンジス川の潮汐作用によって削られた平野部の都市で、我々の乗るＳＵＶはコヒマから一挙にディマプルへ降下していった。レド公路はどこか、という私の問いに対して、アランバム氏ははるかヒマラヤの山岳を指さしながら、

「あのあたりからレド公路が走っていて、中国南部の雲南省に連合軍が対日戦用の物資や弾薬を補給していたであろう」

と回答した。アランバム氏の指す「あのあたり」は、インドの急速な経済成長における副作用としての工場群から出る煤煙や、雨季ゆえの鬱蒼としたフォグ（霧）で完全な確認はできなかったが、日本軍側がその遮断に心血を注いだレド公路を遠望することができて私は感無量であった。空港に行くのはまだ早いのではないか、という私の主張で、ディマプル市街でアランバム氏、運転手、私の３人で昼食を取った。これまでの労苦をねぎらう形で私が全部払った。それにしても3人前で２０００円に満たなかったと思う。

ディマプルはナガランド州の最大都市であり、その人口は約15万人。州都コヒマよりも明らかに大都会であり、大国インドの経済成長が行き届いている。昼食を取ってから、アランバム氏のＳＵＶはディマプル空港に向かった。時刻は午後3時ぎりぎりというところであった。私は空港のゲートでアランバム氏とかたく抱擁をした。インパール、そしてコヒマへの旅で、彼の協力なくば私は途方に暮れていただろうからだ。そして彼の、戦争における日英両軍に対する公平中立な視点もまた、重ね重ね私の心を揺さぶるものがあったからだ。

「いつか私がこの歴史的体験を文章にするとき、貴殿の名刺住所にその書籍を送る」

と確約して私はアランバム氏と別れた。両者無言だったが、コヒマでの数日間の艱難辛苦が目尻に光るものを感じさせた（ちなみにこのアランバム氏とは、内地帰還後にフェイスブックで友達になった）。さて、意気揚々とディマプル空港に前進した私。旅行代理店が手配したのはディマプル空港までの陸路で、ここから経由地のコルカタとバンコクを通じて東京に戻るのは全く私の手配によるものだった。

しかし、ディマプル発コルカタ行きの、私が予約したはずのインディゴ航空の定期便は、すでに跡形もなくディマプルを離陸していた。つい今しがた別れたアランバム氏一行を振り返るが、その姿ももうない。日本の国内路線（日本に限らずどの先進国もおおむねそうであるが）

は、出発ゲートにぎりぎりで到着しても、最悪離陸の20～30分前までであれば大抵の場合において搭乗できる。しかしここインド東部では、離陸1時間前までにチェックインしないとその予約はキャンセルとされ全部無効になるという。そんなことは聞いていないし約款にも書かれていない。私は空港にあるインディゴ航空のカウンターに詰め寄った。

「貴殿の予約は、未搭乗扱いでキャンセルされた」

の一点張りで、私は仕方なく次発の定期便を正規料金で予約して、コルカタへの便に乗った。とはいえ正規料金と言ってもインドのＬＣＣなので、片道料金は日本円で７０００円ほどであった。さて予定が狂って大幅に遅延してコルカタに着いた私は、そこから経由地点のバンコクまでまたぞろ予定通りインディゴ航空で乗り継ぎできるのかと思い、同社のカウンターに予約券を見せたが、にべもなくその搭乗を拒否された。

「貴殿は、ディマプル発コルカタ行きの弊社便に未搭乗であった。よってコルカタからバンコクまでの国際線も、それに従ってキャンセルされているのである」

流暢な英国式インド英語を使う窓口係に対し、私はキャンセルされたのはディマプル―コルカタ間であり、コルカタからバンコクまでは有効なはずである旨、身振り手振りで熱弁をふるったが、

「残念だがこちらではどうしようもない。貴殿の健闘を祈る」

と一蹴されて私は近代的なコルカタ空港で放逐されるに至ったのである。内地にはバンコクを経由しないと戻れない。私は八方手を尽くして、コルカタ空港の清掃員の老人にまで詰問し、エア・アジアの航空券を正規で手に入れ、何とか深夜便でバンコクに戻ることができた。東京を発ってから7日目のことであった。

勝手知ったるバンコクに着くと、私は疲労でぐったりと、市中心部のホテルで惰眠を貪った。インド奥地まで行って、経由地点のタイに転進するのに実に8日かかった計算になる。様々なアクシデントを想定して、帰路のバンコクから東京までを2泊と余裕を持って設定しておいたのが奏功した。私はベッドに深く身を横たえた。しかし私の体には異変が起こっていた。コルカタからバンコクまでのLCC深夜便の中で、私は喉の奥に異変を感じた。それは発熱の兆候であった。よく「貴方の風邪は鼻から？　喉から？」というが、私の場合、完全に喉の違和感からそれが始まる。機中で内地から携行した鎮痛解熱剤を極量服用したが、もはや手遅れであった。体温計は持っていなかったが、その発熱はバンコクのホテルに到着した時点で38・5度をゆうに超えていたと思われる。

開発途上国では生水は決して飲むな、と『地球の歩き方』には教科書的に書いてあるが、私はそれまでの開発途上国での旅で、いかに生水を飲んでも、生煮えの肉を食べても体調不良を起こしたことはなかった。だからインパールでもコヒマでも、レストランで出された飲料水をがぶがぶと飲み、魚を喰らって干し肉を食べた。結句どこかで細菌かウイルスに感染したのであろう。私なりに場数を踏んだ海外旅行で、こうした体調不良は初めての出来事であった。

しかし下痢はなく、極量服用した鎮痛解熱剤の効果が覿面《てきめん》だったのか、予定通り帰路の全日空バンコク発成田行きの航空機には普通に搭乗することができた。すわ、アメーバ赤痢かE型肝炎か？　と予想したが後日の病院における血液検査でそれらを証明するものは何も出なかった。しかし帰国後、３週間くらい体のだるさと微熱が続いた。これらの症状はコロナ禍のはるか前であったが、２０２０年春以降であったなら即座に隔離処置をされていたであろう。今にして思えば僥倖である。

こうして私のインパールとコヒマへの旅は終わった。回顧するにそれはまるで夢のような日々であった。インパール戦史に頻出する地をこの目に焼き付けられたこと。そこで登場する「表現に絶する艱難辛苦」の地が、実際に、戦後70年以上たって全くと言ってよいほど変わっておらず、つぶさに体感できたこと。まさに百聞は一見にしかずで、インパールもコヒマも、文献をただ読んでいるだけではその空気感や、その灼熱と寒冷の極致の生の空気を実感することなど到底できなかった。私の三十余年の人生の中で、これほど「行ってよかった」と思える地はなかった。しかしディマプル空港での熱い抱擁の際に、「また是非インパールに来てくれ」と言ってくれたアランバム氏の家に、もう一度行きたいかと聞かれれば返答に困る。コルカタまではともかくその奥はやはり無理筋だと思う。そこには、相当の覚悟を以て事前準備して行かなくてはならないからである。

タイ・バンコクの定宿で38・5度以上の高熱にうなされながら鎮痛解熱剤を服用して何とか、うつらうつら旅の総括をメモした私の記録を今読み返してみると、こう書かれてあった。

……今次インパール、コヒマへの旅は小生が内地で想像するより遥かに強烈で過酷な体験なり。航空機が全盛で、電子ネットワークが世界の隅々に張り巡らされる現在にあっても、インパール、コヒマは秘境中の秘境なり。これを73年前の日本兵が徒歩で打通《だつう》して攻撃したという事実は、正気の沙汰でなく気が狂っている行軍なり。小生は以てインパール作戦の無残な失敗の本質を、21世紀の現代的感覚で痛感せしむところなり。

なぜ日本軍はインパールを目指したか

南方作戦の始まり

太平洋戦争中、最も無謀と言われたインパール作戦はなぜ実行されたのであろうか。なぜ10万もの日本軍はあのインパールの鬱蒼とした道なき道を、ビルマから２００キロも歩いてこなければならなかったのだろうか。

１９４１年12月８日、日本軍の真珠湾奇襲で太平洋戦争が始まる。このハワイ攻撃とほぼ同時に、日本軍は英領マレーのコタバル（クアラルンプールから北に約２５０キロ）に上陸した。世に言う南方作戦の始まりである。南方作戦とは、当時アメリカの保護国であったフィリピン、それに英領マレー、英領香港、オランダ領インドネシア（蘭印）等の広大な地域を迅速に占領することで、そこから湧き出る石油、石炭、ゴム、ボーキサイトなどの鉱産資源を日本本土にピストン輸送し、対米持久戦に備えるため、大本営が計画した一大作戦であった。

英仏等の連合国はすでに１９３９年９月からドイツと交戦状態にあり第二次大戦が勃発していたが、この日本軍のアメリカ・イギリス・オランダ等への宣戦布告によって大戦は一挙に太平洋を含む全世界に広がることになった。南方作戦は、大本営の想像した以上に大成功を収めた。フィリピンのコレヒドール要塞での米比軍の頑強な抵抗など予想外の出来事はあったものの、日本軍は開戦からわずか半年で東南アジアと南太平洋のニューギニア北部を含む巨大な地域を掌握したのである。

インドに隣接する英領ビルマは、日本と攻守同盟を結んだタイ王国に進駐した日本軍が主体となって、マレーとシンガポールを攻略した余勢を駆って進攻し、最大都市ラングーンが１９４２年３月８日に陥落した。太平洋戦争開戦からわずか３カ月後の出来事である。英印軍はビルマを放棄し、インド側に逃げ込んだのだった。しかし日本軍は、ビルマから先のインドへの英軍追撃までは行わなかった。インド－ビルマ国境地帯には、大河・チンドウィン川が流れ、その背景には２０００メートルを超えるアラカンの山々が縦走し、ここに天然の要害を築いていたからである。日本軍の怒濤の進撃は、一旦このビルマで止まることになる。一方インドに逃げ込んだ英軍は、ビルマと国境を接するアラカン山系の向こう側、つまりインパールとディマプル、そしてその中間にあたるコヒマの防衛陣地構築を急いだ。

　開戦翌年の１９４２年の後半になると、アメリカを主体とした連合軍はガダルカナル方面から本格攻勢をかけ、太平洋の島伝いに日本本土に迫る気宇壮大な反攻作戦が開始されつつあったが、一方イギリスはヨーロッパにおけるドイツ軍との戦い（バトル・オブ・ブリテン――英本土での英独航空戦）に手いっぱいで、失ったアジアの植民地（ビルマ、マレー方面）で日本軍に対し本格的反撃に出ることはできず防戦一方であった。しかし１９４３年になると戦局は徐々に枢軸側劣勢となってきた。特に、１９４１年６月にドイツはソ連に宣戦布告し、史上最大の地上戦――独ソ戦が開始され、ドイツの機甲部隊は破竹の如くソ連領内に侵攻したが、１９４３年２月には独ソ戦の命運を決定づけるスターリングラードの戦いでドイツ軍は包囲殲滅《せんめつ》された。これ以降、独ソ戦ではドイツ軍は攻勢から守勢に転じ、一進一退を繰り返しながらもソ連側が戦争の主導権を握ることになった。

一方太平洋では、米軍がガダルカナルにおいて日本軍を殲滅した後、アッツ、マキン、タラワなど、南北太平洋上の日本軍守備隊を一歩ずつだが着実に撃破していった。そんな中、1943年1月、米英の首脳が北アフリカ・モロッコのカサブランカで対日戦に関する会談を行った。世に言う「カサブランカ会談」である。この会談で、米大統領ルーズベルトは英首相チャーチルに、アジアでの本格的な日本軍への反撃に要する武器弾薬等を提供することを確約し、チャーチルは日本軍の南方作戦で失った植民地（ビルマ、マレー等）を奪還する決意を披瀝した。いよいよ、ビルマ方面において英軍の反撃が始まろうとしていた。

米軍の補給約束を取り付けた英軍は1943年3月からビルマ北部での日本軍に対する小規模な反撃作戦を実行した。すでに述べた通り、インド―ビルマ国境にあるチンドウィン川とアラカン山系という天然の要害によって、日本軍はそれ以上追撃できず、逆に英軍も日本軍に反撃できないという膠着状態が続いていた。英軍は約1年半前、マレーやシンガポール、ビルマで無残にも日本軍に敗北したときとは一変し、米軍の協力のもと、戦車や装甲車を投入した機械化師団を養成し、航空戦力を着々と調えていたが、さしもの英軍でもこの天然の要害を乗り越えるだけの力はなかった。

そこで英軍は、ビルマ方面における日本軍への反撃を、陸からではなく空から行うこととした。主に輸送機を用いた空中からの補給である。この作戦を指揮したのは、東アフリカにおけるイタリア軍との戦いで、英首相チャーチルにその才能を発掘されたウィンゲート准将で、彼は急峻な山々や崖を陸路で越えるのに合わせ、輸送機でそれらを補助し、一挙にビルマ北部でゲリラ戦を展開しようと計画した。これは日本軍の後方攪乱《かくらん》であり、ウィンゲートは英軍が日本側からの攻撃を受けるとすぐにビルマから撤退し、また次には別の地点に進出して占領、撤退するという手法を繰り返し、日本軍を消耗させる戦術に出たのであった。

　ウィンゲートが陸からではなく空からの補給に頼ったのにはわけがあった。いかに装備が良い英印軍とはいえ、日本兵と同じ人間なのだから、インド―ビルマ国境を陸路で突破する際には相当な労苦を要する。加えて雨季とマラリアや赤痢などの伝染病の危険にさらされるリスクは、日本兵と同じなのだ。ウィンゲートはこうした事情を考えて、自動車、馬、弾薬、食料等を陸からではなく空から輸送する立体的作戦を考案した。陸路で山道を越えてインドに侵攻するという考え方を不変のものと認識していた日本軍に対し、英軍は空という日本側が考えもしない三次元的な攻撃路と補給路を模索し始めていた（――ただし、ウィンゲートは不運にも、インパール作戦開始直後の１９４４年３月下旬、前線を航空偵察中に事故死する。インパール作戦を招来したはずの彼が、英印軍の見事な反撃をその目で見ることがなかったのは歴史の皮肉と言えよう）。

実現不可能な作戦

南方作戦の大成功から2年。南方作戦を統括する南方軍司令部はシンガポールに置かれ、日本が占領したビルマにはその最大都市ラングーンにビルマ方面軍司令部が置かれた。その直属に第15軍が置かれ、これはラングーン北方の避暑地・メイミョウに置かれた。さらに第15軍が直轄する師団として第31師団、第15師団、第33師団、第18師団、第56師団（この第18、第56師団は、中国雲南方面での国民党軍への反撃に備えて第15軍の隷下から離れ、第33軍に編成される）の日本軍がビルマの守備にあたっていた。この5個師団のうち、特に第31師団は「烈」、第15師団は「祭」、第33師団が「弓」という防諜上の通称で呼ばれていたが、本書では混乱を避けるためそのままの師団名で記す。

ウィンゲートの空中作戦が実施されるまで、ガダルカナルやマキン、タラワ、アッツ等における日本軍の壮烈な玉砕のさなか、ビルマでは実に平和な空気が漂っていた。高級将校はラングーンに建設された日本料亭に通い、内地から呼び寄せられた芸者や慰安婦との遊びにふけるほどの余裕があった。第15軍総司令官牟田口廉也中将もそこの常連であった。ビルマは当時、イギリスの植民地統治によってことさら米作が推奨された結果、東南アジア随一の穀倉地帯であった。だから日本軍は穀物の補給に困ることもなく、ビルマにおける日本軍は日常生活に何の不自由もないどころか、悪化しつつある戦況をしり目に安寧を享受していた。

しかし1943年3月、ビルマ北部を中心としたウィンゲートによる後方攪乱が始まると状況は一変した。ビルマ方面軍とその上部にあたる南方軍は、ビルマ北部におけるウィンゲートのゲリラ作戦に対し、一抹の不安を抱いた。実は、1942年3月に日本軍がビルマのほぼ全土を占領したとき、その勢いで以て大本営と南方軍はインド進撃を計画した（21号作戦）。

当時、ビルマを攻撃して占領した第18師団の師団長だった牟田口廉也中将は、この構想に反対した。それは、ビルマからインドに攻め込むには、チンドウィン川とアラカン山系という天然の要害があり、補給や兵力の観点からもインド侵攻は冒険的にすぎるものである、という理屈であった。のちに「滅茶苦茶な司令官」「馬鹿」「鬼畜」と糾弾され、現在でもすこぶる評価が低い牟田口は、この時期、存外に「常識的」な軍人だったのである。

ビルマ方面軍および南方軍、その最終的な生殺与奪の権を握る東京の大本営でも、なるほどビルマからのインド侵攻は確かに無理がある、ということになり南方作戦におけるインド侵攻計画は一旦は頓挫した。しかしインド侵攻自体は「研究課題」として残されることになった。そして結果的にこの時、日本軍がビルマを占領してそれ以上英軍を追撃しなかったことが幸いして、太平洋戦争勃発から2年を経ても、ビルマは全くの平穏無事な状況が続いていたのである。

だが、ウィンゲートによる空中からの補給と占領というゲリラ的攪乱に、南方軍は慌てた。

インパール作戦開始時（1944年3月）の欧州戦線

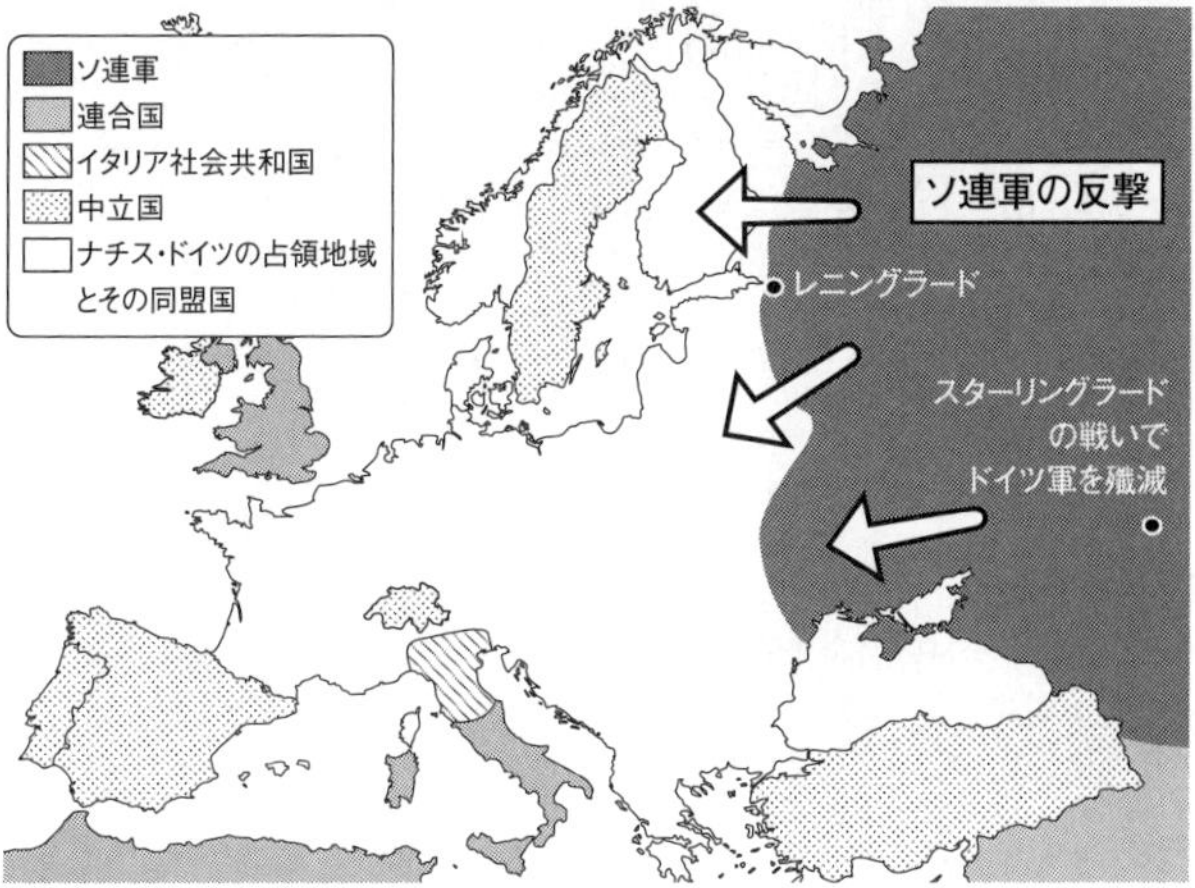

そして同じころ、すなわち１９４３年３月、牟田口廉也中将は昇進して第15軍総司令官になっていた。つまりビルマの最前線を俯瞰する総司令官に、牟田口は着任したのである。

戦局は枢軸にとってさらに不利になりつつあった。ヨーロッパでは独ソ戦において完全にソ連がその主導権を握り、ドイツ軍に占領されたベラルーシ（白ロシア）やウクライナ方面で反撃を開始していた。イタリアは連合国にシチリア占領（１９４３年７月）を許し、独裁者ムッソリーニが失脚して１９４３年９月に連合国と休戦し、王党派のバドリオ元帥がムッソリーニを追い出す形で新内閣を組閣し、あべこべにドイツに宣戦布告した。イタリア半島では降伏したイタリア軍の代わりに駐屯するドイツ軍が山脈地帯に重厚な陣地を築き、アルプスへの連合軍侵攻を何とか遅滞させていた。

一方、太平洋戦線も急激にその雲行きが怪しくなる。ガダルカナル、マキン、タラワ、アッツが米軍に攻略され、南太平洋最大の日本軍拠点、トラック基地は１９４４年2月に米軍による大空襲に遭い事実上その機能を停止させた。今村均大将率いるラバウルの日本兵は、米軍の空と海からの攻撃によって完全に孤立し、ニューギニアの日本軍は米豪軍に追撃され、完全な壊滅状態になってしまっている。米軍のサイパンやフィリピン攻略は時間の問題となった。

少し時を巻き戻すと、こうした情勢の中で、唯一連合軍と日本軍がかろうじて拮抗を保っていたのがビルマ戦線だったが、そこですらもウィンゲートの立体作戦によって危うくなりつつあるという認識になった。ビルマ防衛を担当する第15軍総司令官牟田口廉也中将は、こういった戦局を鑑み、１９４３年の早い時期にすでに、一旦自らが拒否したインド侵攻計画（21号作戦）を再考したいという思いに駆られていた。

牟田口の構想は、ウィンゲートのビルマにおける後方攪乱がビルマ防衛全体に対して危険であるとして、ウィンゲートの進出拠点であるインド東部のインパールを、一挙に手持ちの3個師団（第31師団、第15師団、第33師団）で攻略して、敵の息の根を止めてしまおうというものであった。ビルマに英軍が頻繁に侵入するのなら、その根元をこちらから絶つ攻勢計画こそ、かえってビルマ防衛に役立つという発想であった。

この牟田口のインパール作戦が披瀝されたとき、牟田口の主だった部下たちはすべて反対した。「司令官の作戦構想は、兵力や補給の観点からしても危険性が高い」として、軍組織として「至極まっとうな」反対意見を表明していたのである。よってこのインパール作戦の実現は不可能なように思われた。

しかし、ここに意外とも言うべき人物が登場する。東条英機総理大臣である。東条英機は近衛文麿に代わって太平洋戦争開戦直前の１９４１年10月に組閣し、爾来太平洋戦争全般を指導してきた。１９４３年のこのころ、東条英機は総理大臣・陸軍大臣・参謀総長の三役を兼任する独裁者となっていた。いかに周辺の機微を無視する傾向がある独裁者とはいえ、「カミソリ東条」の異名を持つ神経質な東条英機は、ヨーロッパ戦線でも、また太平洋戦線でも枢軸陣営の苦戦が続いている現状を深刻に受け止めていた。

太平洋では米軍の猛反撃が島伝いに続き、日本が頼みとしていたナチス・ドイツも独ソ戦で苦戦していた。それでもラジオから流れ、新聞紙面に印字される「大本営発表」は、ガダルカナルからの日本軍撤退を「転進」と表現し、無残にも米軍の物量に圧倒されて全滅する日本軍守備隊を「玉砕」として賛美したが、国民一般の皮膚感覚は「この戦争は日本に不利となってきている」に変化していた。

少し時を進めて１９４３年11月、米軍の中国派遣隊（シェンノート）率いる航空部隊は、中国奥地の四川省・成都から当時日本の植民地であった台湾中部の都市・新竹を猛烈に爆撃（新竹空襲）し、大本営と日本政府に強い衝撃を与えていた。本土でないとはいえ、台湾は当時歴とした日本領土であった。台湾まで米軍機の空襲が及ぶこと自体、日本の戦局が芳しくないなによりの証左であった。内地の日本人は、いよいよ大本営発表が虚構・粉飾された戦果であるのではないかと疑うようになりつつあった。東条は焦躁に駆られた。

濃くなる敗色

この時点で太平洋戦線の全般を俯瞰すると、マリアナ以南の南太平洋は米軍の反撃に遭って、全く反転攻勢の見込みなし。１９３７年の盧溝橋事件以来、全面戦争に発展した日中戦争は、その緒戦で国民政府の首都南京を占領したはいいが、蔣介石は奥地の重慶に立てこもって、これもそれ以上追撃する余地なし。ヨーロッパでの枢軸の情勢はすでに述べた通りで、徐々にだが確実に日本の敗色は濃くなっている。しかし一カ所だけ、日本と連合軍がかろうじて拮抗している場所があった。それがビルマ戦線である。

東条は１９４３年11月、日本が占領した東南アジアの各国現地首脳や独立準備政府の首班を東京に招聘し、「大東亜会議」を開催した。そこには日本の占領下、実質的には日本の傀儡となった中国（汪兆銘・南京政府）、フィリピン（ホセ・ラウレル）、インド（チャンドラ・ボース）、ビルマ（バー・モウ）等からの要人が集められ、「（日本軍によって達成された）アジアにおける欧米からの独立と自存自衛」が高らかに謳われた。その中で、インド東部のコルカタ出身で、枢軸の軍事力を借りてインド独立を達成しようと公言するチャンドラ・ボースが、東条の目に留まった。

　ボースは、南方作戦で英領マレーやシンガポールで日本軍に投降した反英感情の強いインド出身のインド兵を掌握し、軍事訓練を施した。彼には日本軍の軍事力を借りてインド解放を目指そうという野心があった。実際にボースはシンガポールで「自由インド仮政府」の設立を宣言し、その独立準備政府の領土として、インド東部を東条に求めたのである。苦戦が続く太平洋戦争後半において、唯一連合軍との拮抗が保たれているビルマ戦線は、東条にとっても、大本営にとっても、また南方軍にとってもただひとつ、戦局打開と内地国民の戦意高揚を達成できる希望と映った。かろうじて日本軍と連合軍が拮抗しているビルマを越えて、日本軍がインドに進撃し、ボースの言う「自由インド仮政府」が現地でその領土を以て宣言されたら、これ以上の戦意高揚はない。東条はそう考えたのであった。

　牟田口司令官が唱えたインパール作戦は、結果的にはこの東条の意思に沿うように計画・立案されたが、１９４３年の段階では「チンドウィン川とアラカンの過酷な山々を越えてインドに攻め込むなど、補給の観点から言って無茶苦茶である」としてほとんどすべての部下たちに反対されたのはすでに述べた。牟田口はここにインパール作戦を断念するかに思えたが、日本の戦局が怪しくなってきた１９４３年中盤に入ると、牟田口の野望は猛烈な勢いとなってインパール攻略に注がれ始めた。

実は牟田口は、１９３７年の盧溝橋事件において日本軍側の最前線に立った司令官だった。中国軍（国民党）に対し、その第一発を発射した部隊こそが牟田口の指揮する牟田口連隊だった。その後、彼はその勇猛果敢な戦いぶりが評価され、南方作戦における最大の難所と言われた英領シンガポール要塞の攻略をもやってのけ、ビルマも攻略した（——その結果彼は、第15軍司令官に昇進したのだ）。牟田口は常に、日中戦争—太平洋戦争においてその最前線にいた。牟田口は、「自分が日中戦争を開始させた」という、反省とも蛮勇とも言うべき決意で以て、猪突猛進の姿勢を頑なにした。自分がこの大戦争を開始した人間であるという積極的自覚と責任感（？）が、敗色が濃くなってきた１９４３年時点において、牟田口の自信を大いに後押ししたのである。

インパール作戦の大義

牟田口が本格的に計画したインパール作戦は、大まかに言って以下の通りである。ビルマは英軍のウィンゲートによって攪乱されている。これを打破するためには、英印軍のインド側拠点となっているインパールを約３週間で迅速に占領する。そしてその北方約１００キロにある補給拠点コヒマも占領し、インパール―コヒマの街道を遮断。英軍の増援を阻止しつつインパールで持久戦を展開する。インパール作戦には、手持ちの３個師団を投入する。北方のコヒマ攻略には佐藤幸徳中将率いる第31師団。インパール攻略には中央から山内正文中将率いる第15師団。南側からは柳田元三中将率いる第33師団を使い、３方向から一挙にビルマ国境を越えてインドに突進する。

　インパール作戦の大義は、ビルマ防衛のためにむしろこちらから殴りこみに出るべきであるというもので、こういった作戦計画を軍事用語では普通「攻勢防御」と呼ぶ。攻勢防御という戦略自体は、時と場合によっては有効に機能する。牟田口にはさらに壮大な計画があった。インパールとコヒマを攻略したのちには、さらにコヒマ北西約40キロにあるディマプルをも攻略する。そして機を見て隙あらばさらにアッサム州まで攻め込む。牟田口は「もしかしたらデリーの赤い壁まで見ることができるかもしれん」と豪語したという。牟田口が披瀝した「インド侵攻」の壮大な夢想がすでに始まっていた。

　ディマプルは援蔣ルートへの要衝であり、同時にインド随一の大穀倉地帯・アッサム州を背後に抱える英軍の一大補給拠点でもある。ここを占領すればインド全体が動揺するだけではなく、大量の物資を鹵《ろ》獲《かく》でき、中国国民党との戦争も有利に続けられるという、まさに「一石二

インパール作戦時の組織図

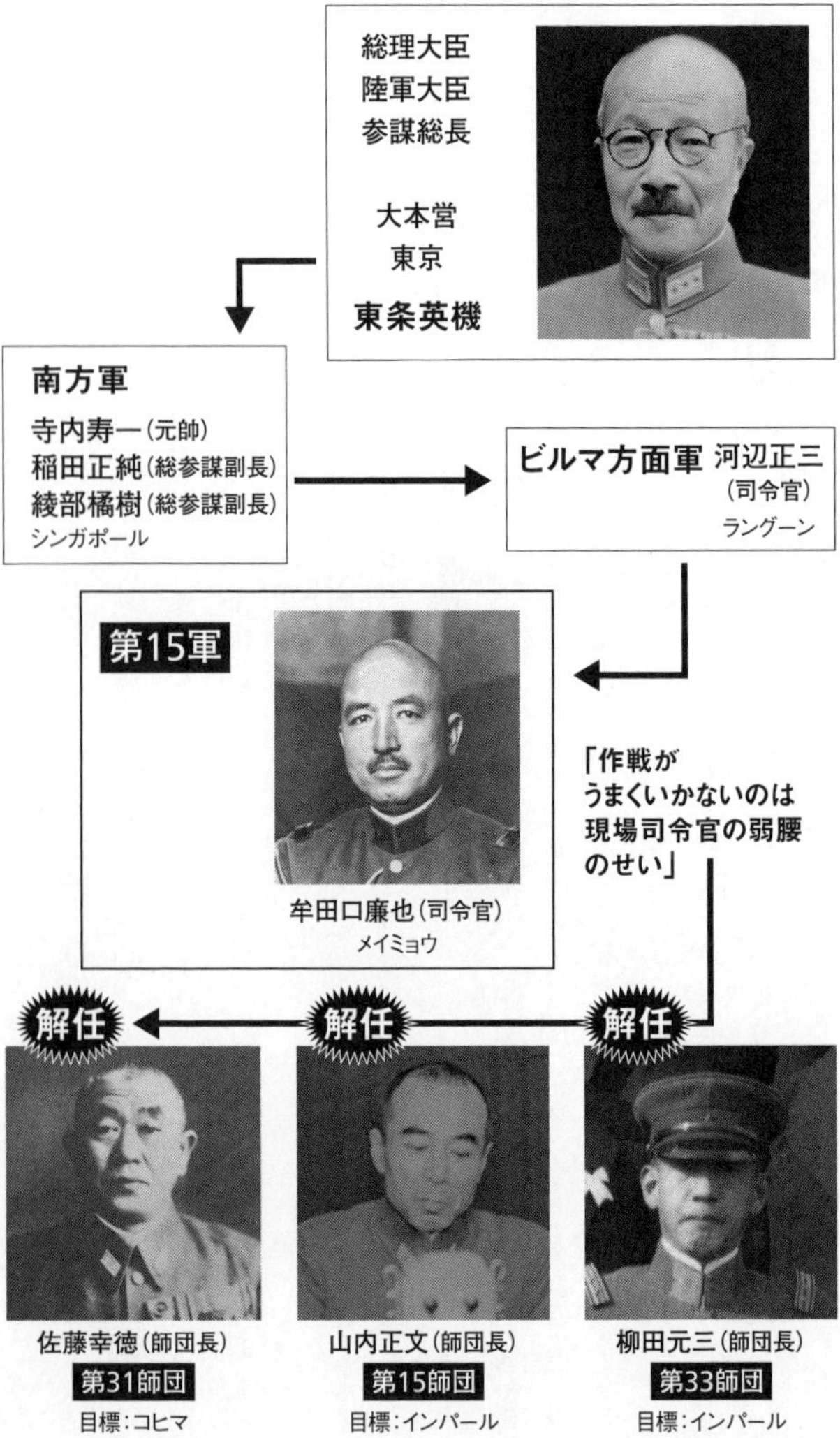

インパール概図

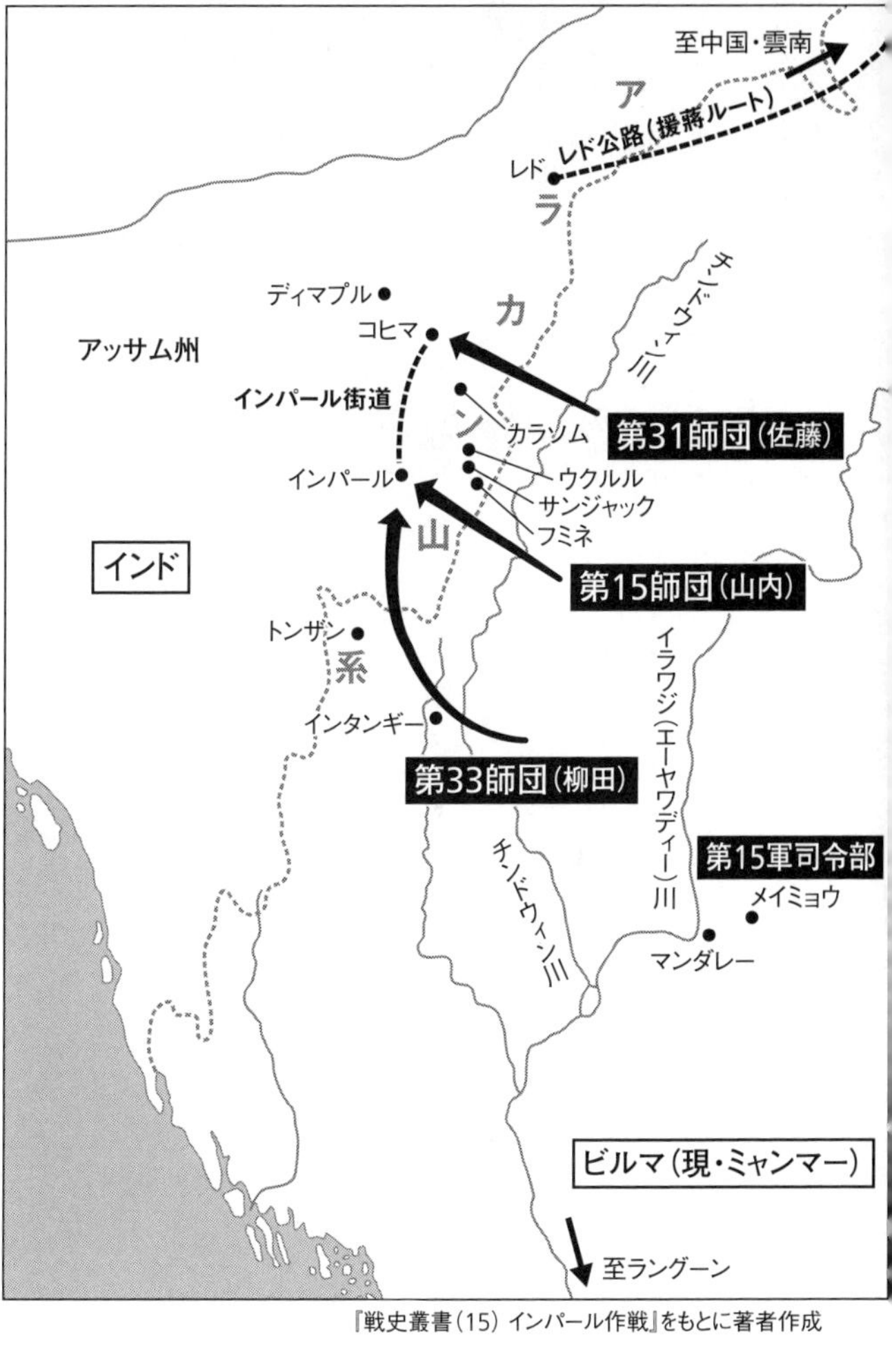

『戦史叢書（15）インパール作戦』をもとに著者作成

鳥」のものである。しかしこの作戦構想に絶対反対の姿勢を崩さなかった筆頭は、第15軍参謀長小畑信良《のぶよし》少将であった。基本的に参謀長は総司令官を補佐するナンバー2で、軍の意思決定に重大な影響を与える。小畑少将は当時の日本軍には珍しい補給の権威であった。

インパール作戦に限ったことではないが、基本的に日本軍の作戦計画というのは呆れるほど補給を軽視したものだった。兵士には必要最低限度の食料を携行させるが、それが尽きれば現地で奪って自給自足する（これを「軍の自活」と呼んだ）。この考え方に沿って、日本軍は自らが占領した中国戦線やフィリピン、インドシナ（現・ベトナム・ラオス・カンボジア等）、マレーやインドネシアでも、軍の自活の原則にのっとって現地から物資を調達した。それは最初、日本軍政当局が発行する紙幣「軍票」と交換され、表面上は「正当な商取引」のように思えたが、やがて日本軍劣勢になるにつれ軍票の価値がなくなると、半ば強奪のような形を取って日本軍は現地で食料を得た。その強引なやり方が現地住民の反発を招き、やがて抗日ゲリラ組織が結成されていき、これが日本敗戦の一要因になるのである。

たとえ後方からの補給がなくても、占領した敵の食料庫から食料を奪えば何の問題もない。このような考え方が日本軍全体にこびりつき、ガダルカナルやニューギニア戦線で日本軍は敵の砲撃よりも飢えに苦しんで餓死していった。

小畑少将はこういったことの二の舞を演じぬと決意し、補給がおぼつかないインパール作戦に絶対反対した。ただでさえ、チンドウィン川とアラカン山系という天然の道なき道を徒歩で越え、山砲や自動車を分解して人力で運ぶのだ。後方からの補給がなくてはこの作戦計画が破綻するのは火を見るよりも明らかであった。

加えて当時、太平洋戦争緒戦で日本軍に敗れた英印軍は、緒戦とは全く変貌して装備を一新し、航空機を増援してビルマ全体の制空権を握っていた。この時すでにビルマの空は完全にイギリスに掌握されていた。その内訳を見ると、輸送機だけで約１０００機。それに加え当時最新鋭であったP－51ムスタング戦闘機やスピットファイアや軽飛行機、グライダーが同伴する。対してビルマの航空戦力の基幹をなす日本陸軍第5飛行師団は、その実働航空機わずかに１００機というところである。１９４３年のビルマ方面において英印軍は延べ8万機の航空機を展開させたが、日本側はわずか延べ２７００機であった。航空兵力で、すでに日英は1対30という信じられないほどの戦力差が生まれていた。

よってインパール作戦における行軍は、英軍の戦闘機や偵察機に発見されやすい昼間は厳禁とされ、夜のみ徒歩で進撃するというとんでもない内容であった。しかしこの小畑の、実に当たり前の反対は牟田口の逆鱗に触れ、小畑は突然参謀長を更迭されてしまう（１９４３年５月）。牟田口による小畑の更迭をしきりに大本営にねじ込む執拗な工作が奏功したのだった。小畑が参謀長職に就いてたった３カ月後の出来事であった。小畑は満州に飛ばされた。事実上の左遷人事である。後任の参謀長には久野村桃代《くのむらとうだい》中将が就いた。久野村は牟田口のＹＥＳマンで、牟田口の作戦構想に一も二もなく賛同した。こうして第15軍内でインパール作戦に反対する幕僚の声は徐々にだが確実に封殺されていくのである。

潰された反対論

第15軍を直接傘下に収める上層部のビルマ方面軍（河辺中将）にも、インパール作戦は危険が大きいとして反対の声が多かった。特にビルマ方面軍の高級参謀・片倉衷《ただし》大佐は、「牟田口のばか野郎が」と言って断固反対した（『抗命』P59-60）。さらにその上部で、南方地域全体を統括し、当時シンガポールに本拠地を置いた南方軍（寺内寿一元帥。当時は〝総軍〟とか〝南方総軍〟と呼ばれた）でも反対意見が根強く、中でも総参謀副長の稲田正純中将は暴走する牟田口を何とか押しとどめるべく、シンガポールから何度も空路ビルマにいる牟田口のもとに赴いて、作戦の無理筋を訴えたが、すでにこの時牟田口は暴走機関車となってひたすらインド侵攻を妄想し、あらゆる手段を使って自分の作戦を実行しようと意気揚々であった。

牟田口のインパール作戦に俄然反対であった稲田副長は、ほとほと牟田口に手を焼き、日本軍のすべてを統括する大本営に状況を報告するために東京に向かった。まるで直訴であった。大本営は素直にも稲田副長の状況報告に対し、「日本側の航空兵力が劣勢」「補給が困難」「兵力増加が必要である」という3点でインパール作戦に不同意であった。大本営は、第一作戦部長の綾部《あやべ》橘樹《きつじゅ》少将をビルマに送り、牟田口に対し直接インパール作戦は不可、と伝えている（1943年4月29日）。しかしこうした大本営の良心とも思える見解は、すでに述べた、ボースで先鞭をつけてインドを攻略するという、困難な戦局の中で東条が抱いた一縷の希望が膨らんでくるにつれ、段々と弱腰になっていくのだった。

稲田副長は、それでもなお作戦実行を迫る牟田口のYESマンの久野村参謀長と面会した。

「しかしだな。こんな計画を認めたら、たいへんなことになる。インドまで攻めこんで、やりそこなったら、それだけではすまんことになる。日本全体が取り返しのつかんことになる。今、ビルマのほかに、勝っている所はないのだからな。それを考えにゃいかん」

（『抗命』P68）

稲田副長の言葉はまさに日本軍の破滅と崩壊を示した予言的なものであった。実際、この通り「日本全体が取り返しのつかんこと」になった。しかし稲田副長は1943年10月、南方軍の総参謀副長からアンボン（インドネシア）にある第19軍司令部付に人事異動となった。東京の大本営とも連絡を取り、牟田口とも直接会話（説得）のできた稲田副長が南方軍からいなくなったことで、もはやインパール作戦を止める実力者はいなくなってしまった。

そしてこの翌月の１９４３年11月、すでに述べた大東亜会議が東京で開催され、ボースで先鞭をつけてインドを攻略するという壮大な遠征計画と野望が、東条英機の頭の中を決定的に覆っていくのである。１９４３年春と、１９４３年冬の間で、戦局はますます悪化の一途をたどっていた。

稲田副長の後任は大本営から直接、インパール作戦は不可、と牟田口に伝えたはずの綾部橘樹少将であった。しかしこの間、綾部もインパール作戦反対論者から肯定論者に変わってしまっていた。こうして１９４４年１月７日、大本営は牟田口の作戦計画をほぼそのまま受け入れる形でインパール作戦を認可した。ここに約10万の日本兵の不幸な運命は決まった。

牟田口はこの間、東京の東条英機らに熱心に何度も手紙を書きインパール作戦の実行を訴える工作を怠らなかった。その工作は皇族出身の陸軍関係者にも及んだ。牟田口に何かしらの才能があるとすれば、それは熱心な宣伝能力と軍内部での工作活動だった。またビルマ方面軍司令官の河辺中将は、実は盧溝橋事件以来、ずっと牟田口の上司だった男だ。河辺もまた優柔不断な性格で、何年も戦を共にしてきた部下（牟田口）の異様な熱量に押されてインパール作戦に賛同するようになった。狂信的な妄想を実現するために、牟田口が八方に燃やした執念が実を結んだ瞬間であった。しかしこれが、決定的な死を意味することを、この時、前線の日本軍兵士たちは知る由もなかった。作戦実行が決定されたのち、牟田口は意気揚々と次のように部下へ絶叫した。

《予は軍職にあること、まさに三十年。この間いろいろの作戦を体験したが、いまだかつて、かかる必勝の信念をもって、作戦準備をしたことはない。インパール作戦の成功は、今や疑いなしである。諸官はいよいよ必勝の信念を堅持し、あらゆる困難を克服して、ひたすらその任務に邁進《まいしん》せよ》

（『抗命』P76）

だが、「信念」というなにやらよく分からぬ精神力で突破することが絶対に無理なほど、インパールとコヒマへの道はあらゆる意味で過酷であった。

インパールへの道遠く

行軍開始

インパール作戦開始のXデーは、１９４４年３月８日と決まった。大本営による正式な作戦呼称は「ウ号」作戦だった。そして目標とするインパール攻略は、当初計画では３週間とされた。さらにどんなに遅くともインパール入城は同年4月29日の天長節（昭和天皇誕生日）まで、と牟田口は妄想をたくましくした。日本軍が、天長節や陸軍記念日（3月10日）という節目節目を目標期限に設定するのは、牟田口以外にもよくあることで、単なるゲン担ぎであった。

しかし牟田口がインパール占領を天長節までと定めたのには、もうひとつ重大な実際的理由があった。雨季である。すでに述べた通り、インド―ビルマの国境地帯は5月から雨季に入りそれが10月まで続く。地球温暖化が進む前の当時、この地帯の降雨量は世界最大級とも言われ、川は氾濫し、道路は跡形もなく押し流され、田畑は完全に水に浸かってしまう。そうなるといかに徒歩での行軍に慣れた日本兵と言っても苦戦が続くのは必至だから、雨季が始まる前に何としてもインパールを攻略する必要があったというわけだ。

牟田口はこの時点でかなり狂信的な妄想――インド侵攻に取り憑かれていたが、この時はまだ職業軍人としての最低限度の良識というものをかろうじて保っていたので、さすがにこの作戦における補給準備を指示している。戦車も自動車も足りない、航空支援はあてにならない、という日本軍の劣悪な補給状態を改善するために、牟田口はインパール作戦の準備期間中、全軍に命じて現地ビルマで数万頭もの大量の牛を確保した。

チンドウィン川とアラカン山系を徒歩で越え、インドに向かう際には、山砲も自動車も分解して人力で担いで「登山」しなければならない。牟田口は3週間でのインパール占領を考えていたから、兵士1人当たりに弾薬、着替え、円匙（スコップ）、工具類、防毒マスク、コメ、塩、味噌、乾パン、干し肉などの携行物資を20日分準備させた。これらの重量はなんと1人につき36～60キロになった。ある兵士は、この荷物を背負ってしゃがみ込むと、戦友の助けなしには立ち上がることができないほどだったという。これを担いで密林の中を登山しろというのである。しかしさすがにこれだけでは不測の事態が起こると考え、大量の牛、およびヤギや豚等を手配したのだった。

牟田口の構想は、人力では無理な部分がある弾薬や食料といった荷物を、牛に背負わせることによって輸送力とする、そしてインパールを攻撃する際には、これらの牛や動物を煮るなり焼くなりして食べれば補給問題は解決する——というものであった。牟田口はこれを「ジンギスカン作戦」と自画自賛した。この命令に従い、各部隊は現地からかき集めた大量の牛に荷物を背負わせる訓練をさせたり、人間の指示に従うように牛を調教したりした。しかしそれはすぐに徒労であることが判明する。

１９４４年3月8日。牟田口司令官率いる3個師団は、一斉に作戦行動を開始した。それぞれの師団の定員は約1万５０００人であったが、インパール作戦のために1個師団につき約2万～2万３０００人に増強された。これに付き従うボース率いるインド国民軍の数千人と、地元の地理に明るいインド人情報部隊が各師団に同行し、水先案内人となる手はずであった。

第一の難関は、ビルマ―インド国境付近を流れるチンドウィン川の渡河である。この川幅は当時６００メートルにもなった。日本一川幅が広いとされる荒川下流域のそれは「河川敷部分を含めて」５００メートルだからその規模感が分かろうというものだ。「ジンギスカン作戦」と自画自賛した牟田口の食料計画は、この初手のチンドウィン渡河で破綻した。急激なチンドウィン川の流れに足を取られ、連れてきた牛の半分がおぼれ死んだのであった。

それでも何とか川を渡った日本軍は、次に急峻なアラカンの山々にぶち当たった。獣道さえない密林を、日本兵は日本刀で雑草をなぎ倒しながら不眠不休で登った。この過程で、生き残った牛もまた、断崖絶壁から足を滑らせて転落し続々と死んだ。工兵隊が道らしきものを作って何とか牛を通そうとしたが無駄であった。せっかく心血を注いで調教した牛は無駄になった。「ジンギスカン作戦」は脆くも破滅した。

この「登山行軍」の様子を戦後、佐藤幸徳第31師団長は次のように回顧する。

「二～三日すると、所々渓谷の断崖に突き当たって来た。馬匹の前進のために工兵隊は作業を開始した。しかし急傾斜のために、停止の止むなき場合があった。迂回路は全くない。後方に退くわけにもいかない。停止していると、段々食糧が減って来る。牛の連行は著しく行動を妨害した。牛鞍に積んである荷物は下り斜面には牛の首の根元まで下がって、この可憐なる動物は全く動けなくなるのである。また上り斜面にかかると、この荷物は牛の尻の方からするすると抜けてしまう。（中略）ある時は数百丈の断崖の上に露営した。俯瞰《ふかん》すれば目もくらむような気持ちがする。雄大荘厳の景観なるも、炊飯のためには急坂を一〇〇〇メートルくらい降りなければ水がない。狸が露営の天幕の周囲にちょろちょろしている」

（『責任なき戦場』Ｐ１４９-１５１）

それでも、日本側各師団は１９４４年3月15日から17日にかけて一斉にビルマ国境を越えインドに侵入した。最も北の難路を行く佐藤幸徳中将率いる第31師団に同行したインド国民軍の兵士は、祖国の地を踏んだときに思わず「ジャイ・インド！（インド万歳！）」と叫んだという。この部隊には、インド出身の女性兵士も含まれていた。佐藤中将の目標とした中間地点はインド国境から32キロ先にある補給拠点ウクルルである。ここは3月21日にあっけなく佐藤が占領することに成功した。守備していたのはイギリス1個大隊であったが、日本軍と交戦することなく南側のサンジャック方面に撤退したのだった。このサンジャックに撤退した英軍を殲滅するのには、佐藤中将配下で第58連隊を指揮する宮崎繁三郎少将があたった。

英軍は、日本軍のジャングルでの戦いを研究しつくしていた。日本軍に対する陣地構築は、まず塹壕の周辺に二重三重にも有刺鉄線を張る。またこの有刺鉄線にはマイクロフォンが設置されており、日本兵がこれに接触するとすぐ知らせる仕組みを調えた。そこに全方位から攻撃されてもよいよう、機関銃を配置した。いついかなる方向から日本兵が襲い掛かってきても、一斉射撃ができる態勢を調えていた。万が一日本軍に完全包囲されても、何日かは持ちこたえられるだけの陣地をインパールの前哨地帯に構築し、日本軍を待ち受けていたのだ。日本側はこの堅牢な英印軍の陣地を「蜂の巣陣地」と名付けた。日本軍がこの陣地を白兵突撃で1個1個殲滅していく間に、予想以上の犠牲者が出た。

　加えて英軍は、インド―ビルマ国境地帯の制空権を完全に握っていることもあって、日本軍の本格的なインパール作戦の開始を事前に察知していた。大量の牛やヤギ、馬がチンドウィン川を渡っている――、という英軍偵察機からの報告でいよいよ日本軍がインド侵攻を始めるという情報が英軍司令官にもたらされた。牟田口の「大量の牛を引き連れて行軍し、現地に着いたら殺して食料にする」というジンギスカン作戦は、皮肉にもその大量の牛を連行しているさまが英軍の空中偵察によって撮影され、日本軍の作戦全体の概要を察知される原因となってしまっていたのだ。

最初から決着していた勝負

のちに佐藤と共に名将と謳われる宮崎少将は、このような困難の中で、サンジャックで大きな犠牲を払いながらも、英軍の蜂の巣陣地をしらみつぶしに撃破し、勇猛果敢にも第31師団の目標地点であるコヒマに向かうことにした。

佐藤中将率いる第31師団は、インパール作戦の中でも最もインド奥地に進出した部隊である。英軍が制空権を握る中にあっても、各所での英印軍の抵抗をはねのけ、１９４４年４月６日には、最前線で英軍を撃破し続けていた宮崎繁三郎少将が遂にコヒマを占領した。インパール作戦開始から約４週間というところであった。コヒマはナガランド州東部における最大の山岳都市である。英軍が遺棄した食料や弾薬、医療品の類が一挙に手に入った。

それだけではなく、英軍が放棄した数十台の輸送トラックや膨大なガソリン燃料まで手に入れたのである。これはこの時点の第31師団にとって極めて朗報であった。ここまでの作戦行動は、「ジンギスカン作戦」の無残な失敗をまるで帳消しにするが如くの進撃であった。しかしコヒマ攻撃の主力であった宮崎少将率いる第58連隊は、サンジャックの戦いを筆頭に、各地での英印軍との激戦でその実働兵力を半分にまで減らしてしまっていた。並大抵の労苦でコヒマにたどり着いたわけではなかったのである。日本軍の攻勢の限界が早くも露呈した。

第31師団によるコヒマ占領は、すぐさま東京の大本営に速報された。「皇軍、コヒマを占領せり」という、久しぶりの明るいニュースは大本営発表としてラジオ・新聞で喧伝され、劣勢と玉砕ばかりで暗いニュースが続いていた内地は一挙に活気づいた。ビルマの保養地、標高１２００メートルのメイミョウで内地から呼び寄せた芸者と酒宴に浸りながら総指揮を執っていた牟田口も飛び上がるようにして喜び、インパール作戦成功の自信をますます深めた。しかし第31師団および宮崎連隊の血のにじむ奮闘もここまでであった。

一方、チンドウィン川を渡ってアラカン山系を東から西に進む山内正文中将率いる第15師団も、第31師団と同じような「登山」の艱難辛苦を何とか克服し、アラカン山系を越えてインパールに肉薄しようとしていた。その途中、サンジャックを防衛する英印軍（ウクルルから撤退した敵部隊）に遭遇したが、それは第31師団の宮崎少将が攻略しているから、むしろ洋々とインパールの盆地を見晴らす地点にまで進出したのだった。

また、南からインパールを目指す柳田元三中将率いる第33師団は、インパール作戦において最も装備が良く、この３個師団の中で唯一、日本陸軍の中戦車「チハ」を有する戦車部隊がいた。道なき道を乗り越えてきた労苦は第31師団、第15師団と変わりない。しかしこの第33師団もインパールをロクタク湖の南側から攻略するために、各所での英印軍の抵抗をはねのけ、「蜂の巣陣地」に苦戦し少なからぬ犠牲者を出しながらも何とかインパールの南側に布陣した。１９４４年４月初頭。牟田口の気宇壮大なインパール攻略はあと一歩、二歩で実現するかに思えた。しかし日本軍の攻勢はここでパタリと、完全に途絶するのである。牟田口が夢想した

「3週間でのインパール攻略」という初期の計画はすでにその期限を迎えていた。

インパール作戦に従軍した3個師団の司令官──北を行く第31師団の佐藤幸徳中将、真ん中を行く第15師団の山内正文中将、そして最も南からインパールに迫る手はずとなっていた第33師団の柳田元三中将は、この無茶苦茶な補給皆無の「食料が尽きたら敵から奪えばよい」という牟田口の作戦にどういった反応を見せていたのであろうか。

実は、インパール作戦を前線で実行する3個師団の師団長の中でこの作戦に最も苛烈に反対していたのは一番南を行く第33師団の柳田中将だった。柳田はインパール作戦開始前、牟田口を「あんなわけのわからん軍司令官はどうもならんな」（『抗命』P71）と酷評していた。一方牟田口は柳田を「弱虫」とみなしていた。作戦開始以前から、牟田口と柳田の間では確執があった。この確執がのちにひと騒動を引き起こす原因となった。真ん中を行く第15師団の山内中将も作戦全般には消極的で、コヒマ攻略を期待された第31師団の佐藤中将は勇猛果敢とされたが、その内心は複雑であった。

しかし完全な縦割り組織の軍隊にあって、前線を行く司令官がいかに作戦に反対しようとも、上司の決定は絶対で、インパールを攻略せよと言われたらしなければならず、コヒマを攻略せよと言われたら何があってもそれに向けて前進しなければならない。師団長は天皇が直接任命する「中将」以上の将軍クラスに限られ、その地位・責任は極めて重大であった。だが師団長クラスの将軍であっても、軍の中ではさらにその上部に位置する上司、すなわち牟田口総司令官やビルマ方面軍、南方軍、そして大本営の決定は絶対であった。これに反対してその任務を全うしないと軍法会議にかけられ、「抗命」といって命令に逆らったとされ最悪死刑もあり得る。軍組織とはそういうものであった。

険しい道を行く第31師団の佐藤は、「コヒマに行けと言われれば行ってみせる」と士気盛んだったが、後方からの補給が不安なコヒマ進撃に際し、第15軍の補給担当者に以下のことを約束させていた。

(1) チンドウィン渡河から１週間後には10トン／日の補給を実施する。
(2) チンドウィン渡河から25日後までの間に２００トンの弾薬・食料を「ウクルル」方面より補給する。
(3) チンドウィン渡河から50日後には「ウクルル」方面より常時補給する。

この条件を第15軍がのんで約束したことで、佐藤の不安は幾分かは軽くなった。第31師団は定員１万５０００人のところ約２万３０００人に増強されていた。すでに述べた通り、彼らは１人につき36〜60キロもの弾薬や食料を背中に担いで「登山」する。その分量は20日分だったから、20日を過ぎたらもう食料はない。そこで佐藤はこのような約束を早々に軍に対して取り付けたのだった。

　ちなみに街中でよく見かける引っ越しに使うトラックや、準中型免許でも運転できる標準トラックの積載量が大体２トン（俗に言う〝２トントラック〟）である。佐藤はまずこれの５台程度、３週間を過ぎたらこれの１００台程度が満載になる量の弾薬と食料の補給を要求した。佐藤の要求は決して過大なものではない。むしろあまりにも控えめな要求だった。現代において個人宅の引っ越しでも、２トントラックに収まらず２台（４トン）を用いるのは珍しいことではない。佐藤は、最初に現代的な感覚からすればたったトラック５台分の食料補給を要求しただけであった。しかもこの食料は、増強された２万人を超える第31師団全員分なのだから、かなり遠慮気味な要求と言える。兵士１人が、１日３５０グラム程度のコメ（茶碗２杯・おにぎりにして約４個弱）を喰うとして、２万人なら単純計算で７トンである。

　仮に毎日茶碗１杯のコメ（おにぎり１個半）で我慢したとしても、３・５トンが必要だ。佐藤の要求はこれの３倍程度の毎日10トンだから、どれだけ遠慮気味な最低限度の補給なのか分かる。もちろんこれに加味して「現地調達の食料」が分捕れることを計算に含んでいるわけだが、しかしこの「必要最低限度」の補給の約束は、遂に実行されることはなかった。佐藤が第15軍の補給担当者と約束したこのささやかな補給計画すら、軍により一方的に破られたことで、のちに陸軍を揺るがす大事件が勃発する。

　この時、英印軍の補給状況はどうであったか。すでに述べた通り、英軍は陸上からの補給よりも、手軽で即効性のある空中補給に重点を置き実行していた。英軍の補給態勢は以下の通り。輸送機C－47、C－46を中心とした空中補給により、１日当たり平均２５７トン。地上からの輸送は約４０００トン／日。総じて４０００トン（所謂《いわゆる》〝２トントラック〟２０００台分）以上の物資や食料が前線に「毎日」送られていた。日英両軍がインパールやコヒマで衝突するはるか以前の段階で、勝負は決着していたとみてよい。

撤退

佐藤の決意

　１９４４年４月６日。英軍の補給拠点であるコヒマを占領した佐藤率いる第31師団と宮崎連隊は、鹵獲した英軍の遺棄食料や医療品で随分と潤った。しかしそれも束の間の安寧であった。宮崎連隊がコヒマを占領したと言っても、それは一時的なものであった。コヒマは山岳の中にある傾斜盆地で、その傾斜に沿って英印軍は日本側に対して頑強な抵抗を続けていた。なるほど確かにコヒマの市街地を宮崎連隊は占領したが、その後ろにある英軍の陣地を一掃して、英印軍の投降を促さなければ、コヒマを「完全占領」したことにはならない。

コヒマは急斜面の中を開発して築かれた山岳都市である。英軍のコヒマ要塞はその山岳につながるようにして銃口を日本軍に向けている。日本側はこの陣地をそれぞれ、ウマ・ウシ・サル・ヤギ・ネコ高地などと名付けて最後の攻略を企図した。しかし日本軍に包囲されてもなお、３６０度全周囲に対して「蜂の巣陣地」との異名を取る機関銃を配置しているコヒマの英印軍陣地は、宮崎連隊の多大な出血を以てしても難攻不落であった。特に、この英軍要塞にあって「テニスコートの戦い」と言われた争奪戦は壮絶であった。日本兵の投げる手榴弾に英軍は粉々にされる一方、重機関銃の掃射で日本軍側も多大な損害を受ける。前線を指揮する大隊長や中隊長が次々と戦死した。ある者は玉砕覚悟で突撃し英軍陣地で壮烈な最期を遂げ、またある者は塹壕から頭を出した瞬間に英印軍の狙撃兵に撃たれて即死した。

それでも勇猛果敢な宮崎繁三郎少将は、この英印軍陣地に肉弾攻撃——すなわち特攻攻撃・白兵突撃を仕掛けるのだが、いくつかの英印軍陣地を占領したものの、大量の犠牲者を出しながら最後の陣地を完全占領するまでには至らなかった。宮崎連隊と英印軍の膠着状態は続いた。その間も、コヒマ北西部約40キロにある英軍の大拠点、ディマプルから英印軍の機械化師団が山道を這うようにコヒマに増強されていく。

１９４４年４月６日、第31師団隷下の宮崎連隊がコヒマを占領したとき、はるか５００キロも後方のビルマの保養地・メイミョウにいた牟田口は、第31師団に「即刻ディマプルを攻略すべし」との指示を出している。しかし、コヒマに残存する英印軍の決死の抵抗と、後方から到着する英軍の増援部隊に対して、第31師団の佐藤がコヒマを一時期にせよ占領しているという事実こそ奇跡的であり、これ以上の進軍など全く現場を無視した異常な命令と映った。

ディマプルから増強される英軍の部隊には、日本軍が最も恐れる戦車部隊がいた。M3中戦車である。これを撃破するために日本軍は特攻攻撃を行った。先述したように戦車の死角を突いて車体の下に潜り込み、地雷でキャタピラーを爆破するのである。擱座した英軍戦車から英印軍が逃げ出そうとすると、日本軍はそれに猛烈な機銃掃射を加え、英印軍をなぎ倒し、砲塔の中に手榴弾を投げ入れて乗員もろとも爆破した。まさに壮烈な戦場であった。これにより英軍側の戦車の稼働は局所的なものとなったが、それでも日がたつにつれ英軍の戦車が増強されていくのが目に見えるように感じられた。

コヒマ占領によって、第31師団は一挙に英印軍から鹵獲した食料やガソリンで潤ったと書いたが、しかしこれも一時的なものに過ぎなかった。制空権は完全に英軍に掌握され、昼夜の別なく地上爆撃が続く。佐藤はコヒマで大量のガソリン燃料と数十台の英印軍自動車を鹵獲して一縷の光明を得たが、その自動車を動かすガソリンの貯蔵庫が英軍の爆撃によって大爆発し、すべて灰と化したのである。佐藤は、「敵に見つからないようにガソリンを山の中に隠しておけとアレほど言ったはずだ」と激昂したが時すでに遅し、燃えたガソリンは戻ってこなかった。第31師団の燃料らしき燃料はすべて途絶した。

１９４４年４月18日、第31師団長佐藤中将は、宮崎連隊の猛攻撃によっても陥落しないコヒマ要塞の攻略を停止し、防御態勢を取ることにした。この前日の４月17日、佐藤のもとに牟田口から一本の電報が届いた。

『一、軍は天長節（筆者注　４月29日）までの間にインパールを攻略せんとす。
二、烈師団長（筆者注　第31師団長・佐藤）は宮崎少将の指揮する歩兵三個大隊および山砲一個大隊をインパール正面に転進せしむべし。
三、兵力の移動は捕獲自動車によるべし』

（『抗命』Ｐ１６２）

佐藤は愕然とした。牟田口は猛将として知られる宮崎とその連隊を第31師団から取り上げて、コヒマから南に約１００キロのインパールに転進させろ、というのである。ただでさえコヒマで大激戦が続き、もはや攻撃能力が乏しくなっている第31師団から、虎の子の宮崎連隊（――しかもそれすら、激戦に次ぐ激戦で兵力は半減している）を取り上げられたら師団は壊滅する。佐藤はこの電報を無茶苦茶な命令だと思って黙殺した。それでも牟田口から矢のような催促を受けると、佐藤はハッキリと「兵力の転用は不可能」と拒否した。英軍は毎日、地上にへばりつくような日本軍をあざ笑うかのように、空中を悠々と旋回して物資を味方に補給している。現在のような精密な投下ではないから、それらの補給物資は風に乗って日本軍陣地にも流れてきた。日本兵は競い合うようにして「敵」からの空中物資を分捕った。そこには大量の缶詰や乾パンが入っていた。日本兵はこれを皮肉を込めて「チャーチル給与」と呼んだ。しかし「敵」から補給されるチャーチル給与を以てしても2万の日本兵の空腹を満たすのにはセミのションベンであった。コヒマの戦いを俯瞰した佐藤は、4月末の段階で次のように決心していた。

> コヒマの戦場を遠望しているうちに、佐藤師団長は新たな決意を固めた。それは十五軍から補給のこない場合である。そのときは、かねての決心に従って、自分の信ずるところを断行しよう。《自分が軍司令官（筆者注　第15軍）のつもりで思う存分やる》と決意した。
>
> （『抗命』P173）

佐藤の決意とは、コヒマからの「撤退」である。インパール作戦開始前に、第15軍と約束した後方からの補給は、第31師団に全く送られることはなかった。今や佐藤師団はビルマから携行した20日分の食料を喰いつくし、味方からの補給がないまま、かろうじてコヒマで奪った英軍の貯蔵食料と「チャーチル給与」、およびコヒマ周辺の現地人集落から軍票を使って調達した豚や鶏、穀物類だけで何とか踏ん張っている。しかしこれにも限界が見え始めていた。

雨季到来

１９４４年5月。懸念していた雨季が到来した。そもそもインパール攻略を牟田口は当初3週間と見積もっていた。それが過ぎると今度は天長節（4月29日）までと期限を延長した。

この時、インパールを北と南から挟撃する手はずだった山内中将の第15師団と柳田中将の第33師団はインパールの手前で完全にその進軍を停止させていた。英軍がインパールよりさらに南のコルカタ方面から大戦車部隊をインパール盆地に出動させ、有り余るほどの重砲や山砲を使って日本軍に大砲撃を開始していた。その数量は多いときで1日に４０００発に及んだ。インパールの山々は砲撃ではげ山となり、さらに日本軍陣地を英軍の戦闘機や爆撃機が空襲する。日本軍陣地に砲撃が命中すると、日本兵はたちまち空中に吹き飛んで即死した。前線指揮官らは次々と戦死し戦傷者が続出し、部隊の全滅が相次いだ。日本軍に残された攻撃方法は、日露戦争以来の伝統であった夜間奇襲の白兵突撃だったが、これですらも例の「蜂の巣陣地」に阻害され日増しに戦傷者は増大していった。

日本軍も、山また山のアラカン山系を越えて山砲の類を持ってきていたが、その数はたった10門程度で、しかも当時からしてすでに旧式のものだった。もともと山砲の定数は１個師団につき36門（師団砲兵）と決められていたが、山を越えて進撃するために定数の山砲すら準備できなかったのである。そして弾薬も欠乏していた。英軍が１日に４０００発の砲撃をする間、日本側はたったの５発から８発、頑張っても10発しか応射できなかった。10対４０００では勝負以前の問題である。そこに日本軍が持つ兵器では対抗できない英軍のＭ３中戦車が多数出現した。インパール作戦開始前、「英軍は戦車を出してこない」と軍上層部は楽観視していたが、インパール盆地に進出した日本兵の前には現実に英軍の戦車がいた。

　インパールを南から攻撃する柳田中将の第33師団には、インパール作戦に参加した３個師団の中で唯一戦車部隊が随行していたとはすでに述べた。この戦車部隊の主力は日中戦争で活躍した日本陸軍の中戦車「チハ」だったが、その性能はＭ３中戦車より劣り、装甲も薄く、またエンジン性能でも著しく見劣りした。「チハ」は元来対ソ戦（寒冷地仕様）を念頭に開発された中戦車だが、その生産の大部分は熟練の機械工の存在を前提に成り立っており、量産には不向きであった。大戦中に生産された「チハ」の総数は約２０００両。ちなみに独ソ戦で対独反撃の英雄となったソ連のＴ－34戦車の生産台数は６万両以上である。戦車は数だ。日本の基礎工業力の低さが、総力戦の雌雄を決したのである。

日本軍はインパール作戦における英印軍を中国軍と同様に考えていた。これは牟田口の頭に、太平洋戦争の緒戦で英領マレー、シンガポール、ビルマを迅速に占領してイギリスに勝利した経験がこびりついていたからである。牟田口は「イギリスは支那（中国）兵より弱い」と作戦開始前に豪語したという。しかし、あれから2年たって英軍の装備は一新され、日本軍は手も足も出ないような状況になっていた。日本軍は英軍を舐め切っていたのである。加えて英軍は、Ｍ３中戦車よりさらに強力な最新型のＭ４《エムフォー》中戦車もインパールに進出させた。Ｍ３ですら特攻攻撃によってしか対抗できないのに、それのいわば上位互換であるＭ４が出てきたのだから日本軍は完全に万事休すの状態に陥っていた。

Ｍ４中戦車は75ミリの戦車砲を主体として重機関銃４機を備え、前面装甲は85ミリ、自重は32トンであった。これに対し「チハ」は、47ミリの戦車砲に重機関銃２機、前面装甲は25ミリ、自重は14・８トンであった。現在、一般に使われている大型引っ越し用の10トントラックを少し大きくしたのが「チハ」で、Ｍ４はその２倍の大きさである。勝てるわけがなかった。

雨季に入り、雨はますます激しくなった。天長節までのインパール攻略と大見得を切った牟田口にもいよいよ焦りの表情が出始めていた。しかし牟田口は、『雨季の到来は皇軍に味方するものなり。雨季に入るも、あくまで敢闘せよ』（『抗命』Ｐ１８０）と意味不明の激励電報を送った。あれだけ雨季を警戒し、雨季になったら日本側が不利になるからそれまでにインパールを攻略しようという目論見だったのに、それが達成されないと見るや「雨季の到来は我々の味方」と逆のことを言い始めた。牟田口の精神は狂いだしていた。

佐藤は5月上旬、第15軍からの補給の約束を一応は信じてコヒマで踏ん張っていた。しかし約束された後方からの補給物資が一向に届かないことに業を煮やして、軍靴・食料・医薬品を送ってくれと何度も督促したが、現地には靴一足届かなかった。とうとう佐藤は第15軍司令部に対し次のような電報を送った。

『補給がなければ、五月末日以後は現在地（筆者注　コヒマ）にとどまることはできない』（『抗命』Ｐ１７９）

これに対して第15軍からは「5月20日ごろには補給が軌道に乗るから、攻撃を続行せよ」との応答があったが、これは全くのでたらめ、ウソであった。やはり物資はコメ一粒たりとも佐藤のもとには届かなかったのである。遂に佐藤はその「決意」を実行することにした。「１９４４年5月31日一杯でコヒマから撤退する。そうしないと師団の兵士たちが全滅する」

狂った上官との戦い

佐藤がひそかにコヒマからの撤退を決意したことに前後して、牟田口はインパール攻略が全く進まないことで錯乱状態に陥った。１９４４年5月9日、インパール作戦で一番南を行く第

33師団の柳田中将を突然罷免したのである。つまりクビである。作戦行動中の師団長罷免は、戦法の常道から言って極めて非常識である。牟田口は最初から柳田が気に入らなかった。柳田が3個師団長の中で一番強烈にインパール作戦に反対していたからである。しかし「こいつは気に食わない」という理由だけで師団長をクビにするのは無理があるから、牟田口は柳田を罷免するに際して「統制前進している」と決めつけた。

統制前進とは、一気呵成に敵の陣地に向かって突撃するのではなく、よく部隊を掌握してまとまって前進・行軍することである。作戦行動に際して、特に制空権がなく劣勢の状況では当たり前の戦法だったが、牟田口は「統制前進のせいでインパール攻略が遅れている」と非難し、柳田を追放した。第33師団長の後任には、猛将として知られる田中信男少将が着任した。しかし少将では師団長になれないから、田中はあくまで「師団長心得」つまり臨時代理のような形で無理やり着任させられた。牟田口は攻撃精神旺盛な田中を柳田の代わりに実質的な新師団長に据えることで血路を開こうとしたが、もはや戦局は精神力云々ではどうしようもないほど悪化していた。牟田口は柳田に罷免の通知をする際、電話口でこう怒鳴った。

「弓（筆者注　第33師団）は一体何をしておるのか。何をまごまごしておるか。（中略）うろうろしているとは何ごとか。師団長（筆者注　柳田）が臆病風に吹かれているから、兵隊まで戦意をなくしてしまうのだ」（中略）「弓がそんな山の中で押えられているのは、トンザンで敵を逃したからだ。（中略）トンザンで包囲しながら、殲滅《せんめつ》しそこなったのは、師団長がやる気がなかったからだ。トンザンで殲滅していたら、今ごろは、なんなくインパールにはいれた。師団長はトンザンでは敵を逃す。そのあと、追撃を命じたのに、ぐずぐずしておって、前進をせん。師団長は戦さが恐しくて、前進できなかったのだろう。敵を助けて、味方を不利にしたのは、利敵行為だ。少しは恥を知れ。卑怯者」

（『インパール』P200-201）

さらに牟田口は柳田を罵倒した。

「貴官のような臆病者に師団の指導をさせてはおけん。牟田口がここにおって、弓をつれてインパールに入るのだ。貴官は、わきで見ておれ。戦さのしかたを教えてやる」

（『インパール』P201）

師団長は中将以上の将軍が天皇直々に任命される軍の要職である。いくら上司とはいえ牟田口に「恥を知れ」だの「卑怯者」だの「臆病者」だのと言われるのは、職業軍人である柳田にとって最大の侮辱であった。牟田口が連呼したトンザンというのは、第33師団が苦心の末に越えたアラカン山系の先、インパールに延びるインパール南道にある山間の集落のことだが、ここは例によって英印軍による「蜂の巣陣地」が構築され、英軍は大量の砲撃を日本軍に浴びせていた。第33師団は形の上では英印軍を包囲したものの、遂に殲滅することはできず、そのすきに英印軍は素早く撤退した。このことを指して牟田口は「敵を逃がしたのはやる気がないためだ。利敵行為だ」と決めつけたのである。

　しかしこれは、英軍が対日戦用に研究した戦術であった。日本軍が蜂の巣陣地に白兵突撃をすると、結局はいくつかの陣地は占領される。その際に日本軍に多大な出血を強要し、少しでも自軍に不利と感じたら無理をせず、すぐに撤退する。英軍は、山間の陣地に拘《こだわ》ることなく、死守を禁じ、補給が潤沢なインパール盆地に日本軍を誘い込んでから一挙に叩く作戦に臨機応変に転換していた。だから牟田口の言う「敵を逃した」というのは全くのでたらめで、これは英軍の巧妙な戦術の一環であった。また、よしんばこういった英軍の慎重な戦術がなかったとしても、貧弱な装備しか持たない日本軍には、到底英軍を包囲殲滅する力など残っていなかったのである。ともかく、牟田口の異常な理不尽によって柳田は罷免されてしまった。

　コヒマからの撤退を内心決断していた第31師団の佐藤は、１９４４年5月、ひそかに撤退準備を進めていた。この間の激戦で、第31師団が開設した野戦病院には、約１８００人の重軽傷者が収容されていた。野戦病院と言っても、薬はないに等しく、路面に天幕を張った簡易の粗末なもので、傷病兵たちは地面に寝かされていた。佐藤は歩くことのできない重傷者を担架に乗せてすでに後方へ移送、つまり来た道を後戻りさせ始めていた。撤退用として、10日分の食料を兵士に携行させることにしたが、行きに20日を要したのに、帰りにその半分の10日分の食料とは何とも粗末なものであった。補給を受けられない佐藤にとって、これが準備できる精一杯の携行食料であった。こういった撤退準備は、牟田口に秘して行われた。撤退準備を事前に牟田口に告げると、どんな難癖や狂った妨害を受けるか分からなかったからだ。今や佐藤は、目の前の英印軍だけではなく、本来理解者であるはずの牟田口という狂った上官とも戦わなければならなかったのである。

１９４４年5月26日、佐藤は遂に牟田口に対し、１通の電報を送った。

『烈兵団（筆者注　第31師団）は今や糧絶え、山砲および歩兵重火器の弾薬もことごとく消耗するに至れるをもって、兵団は遅くも六月一日までにはコヒマを撤収、補給を受け得る地点に向い移動せんとす』

（『抗命』Ｐ１８６）

案の定、牟田口を代理して、参謀長の久野村から次のような返電があった。

『烈師団は補給困難を理由として、コヒマを放棄するとは何事であるか。さらに十日間現態勢を確保せよ。そのときは軍はインパールを攻略し、軍主力をもって貴兵団に増援し、今日までの戦功に報いる考えである。一体、師団長（筆者注　佐藤）は英霊に対してなんと思うか。以上、命に依り』

（『抗命』P189－190）

この返電を読んだとき、佐藤は笑ったという。それは牟田口に対する憎悪と軽蔑を通り越した諦念であり、また現状を知らずこの期に及んで精神力だけで何とかなると思っている牟田口への嘲笑であった。佐藤は続けざまに牟田口に打電した。

『（前略）状況の変化に応じて、師団長（筆者注　佐藤）みずから独断処理することあるべきを承知せられたい』

（『抗命』P190）

独断処理とは、言い換えれば牟田口がどんな無茶苦茶な命令をしても、どんな内容であってもそれにはもう従わないという「決別」と同じ意味である。戦後、佐藤が残した回顧録には、「この時、牟田口軍司令官の姿は、予の脳裏から消え去った」と記されている。つまり牟田口の存在を脳内で消してしまって、彼からのどんな命令にも抵抗あるいは無視し、ひたすら部下の命を救うことだけに尽力しなければならないという強烈な決意だった。こうして佐藤は、コヒマを放棄し、撤退命令を下した。佐藤にとっては、コヒマに残してきた約２０００人の戦死者の遺骨をそのままにしてあるのが気がかりであったが、それを収容する余裕などなかった。

この時、佐藤の隷下にあってなおもコヒマで踏ん張っている宮崎繁三郎少将率いる第58連隊（宮崎連隊）は、形式上は佐藤の元を離れて第15軍、つまり牟田口の直属部隊となっていたが、そんな軍の書類上の形式に拘っている場合ではなかった。佐藤は宮崎にもコヒマ撤退を命じた。そして宮崎連隊は、撤退する佐藤の大部隊の最後方に殿軍としてつくようにという命令を拝受した。第31師団の中で、激戦の末戦力が減りに減っている中にあって、宮崎連隊は佐藤にとって唯一の希望であった。というのも、第31師団が一斉にコヒマから撤退してしまうと、それが英軍に察知され、すぐさま英印軍は日本軍を追撃してくるだろうからだ。英軍の戦車や自動車や装甲車の機動力で追撃されたら、傷病者続出の日本兵は全く太刀打ちできず一挙に全滅である。そうさせないために、かろうじて唯一精強を保つ宮崎連隊に、最も危険な役割の殿軍を任せたのであった。そして宮崎はよくその任務を果たした。

白骨街道

飢える兵士たち

遂に、佐藤中将率いる第31師団は、「独断処理」の言葉通り、コヒマから本格的に撤退を開始した。時に１９４４年6月1日のことであった。撤退の模様については、第31師団司令部の田中顕治中尉が戦後次のように記録している。

> 百に近い担架、そりを馬にひかせた寝担架。佐藤師団長は、その担架の一人一人に、「気を落すでないぞ、もう少しの辛抱だ。インパールは陥落した。われわれは任務を達して、今マレーへ転進して行くのだ。今度は、ゆっくり楽しい目が見られるぞ」たばこを与え、容態をきき、勇気づけている。
>
> （『抗命』Ｐ１９６）

もちろんここで佐藤の言った「インパールは陥落した」というのは、重症で意識が朦朧とする傷病兵を精一杯励ますためのウソであった。

第31師団が撤退を開始し、完全に英軍から離脱したのは１９４４年6月12日ごろであった。

インパール作戦開始時には約２万３０００人の堂々の兵力を有した師団の戦力は、この時３分の１になってしまっていた。インパール作戦開始の３月と違って、撤退した６月は完全に雨季の只中である。軍靴は中まで水浸しになり、粗末な軍服は大量の水分を吸って、兵士から急激に体力を奪った。雨季で養分を取りぶよぶよに成長した蚊が体力の低下した日本兵に無言で襲い掛かり、その血を吸い、次々に彼らにマラリアを媒介していった。雨季で流れ去った細い道はたちまち冠水し、その水に腰まで何度もつかったため兵士たちはアメーバ赤痢に感染した。豪雨の中、担架に乗せられた日本兵は次々と落伍していった。その者たちは置き去りにされるほかなく、助からなかった。

第31師団が当座の撤退目標としたのは、インパール作戦における日本軍の補給拠点となったウクルルとの中間地点にあるカラソムという集落であった。ここには、日本軍の命令で４日分ほどの食料が備蓄されているはずであった。第31師団はようやくカラソムに着いたが、そこには一粒のコメも残っていなかった。撤退に際して佐藤が苦心の末用意したわずか10日分の携行食料はすべて喰いつくされ、すでに兵士たちに飢えが始まっていた。第31師団は、追撃してくる英印軍という強敵に加え、無理解で異常な司令官である牟田口、そして飢え、マラリアやアメーバ赤痢という五重の敵に包囲されていたのだった。

カラソムに行けば少なくとも４日分程度の食料はあるはずだと見込んでいた第31師団と佐藤

の落胆は大きかった。次に佐藤は、ウクルルに向かう決断を下した。このまま何もないカラソムで日を費やしても死ぬだけだからである。ウクルルはカラソムから約50キロ南の都市であったが、もはや完全にインド―ビルマの制空権を掌握した英軍の空襲を警戒して、行軍は夜間に限られた。一夜に歩ける距離は、踏ん張っても12～13キロであった。コヒマから苦心して担架に乗せられて運ばれてきた重症者は、その上で次々と死んだ。もはや元来た道を帰ることはできない、と悲観して手榴弾で自決する者が出始めた。こういった者は、戦友に迷惑をかけないため、それとなく気付かれないようわき道の密林に消えていって自決した。最初、ドーンという音に「すわ敵襲か」と身構えた日本兵も、それが味方による手榴弾自決だと分かってからは驚かなくなった。歩ける軽症者や健常者は、ジャングルに生えるあらゆる野草を食べた。毒があろうと何だろうとかまわず自生のキノコを食べた。特にこの一帯に自生する灰汁の強いタケノコは、唯一の貴重な食料源になった。

１９４４年６月14日、カラソムに見込みなしとしてウクルルを目指す佐藤のもとに、牟田口からの使者が訪れた。第15軍参謀部の能勢《のせ》潤三中尉だった。「第31師団は、反転してインパールを攻略せよ」という内容だった。傷病兵続出でコヒマから撤退し、その戦力が３分の１に減っている中で、インパールへの転進など、不可能を通り越して徒歩で月面に行けと言っているに等しかった。佐藤は能勢を無視してウクルルへの道を急いだ。しかし、佐藤の期待はまたしても裏切られることになった。インパール作戦において日本軍側の補給拠点になっている「はず」のウクルルには、これまたカラソムと同じく一粒のコメすらないのだった。多少なりとも物資があるだろうと期待した佐藤は驚天動地の衝撃を受けた。

そこですかさず佐藤は、ウクルルを通過してさらに南のフミネを目指す旨、全軍に命令した。もはや一刻、一秒の猶予もなかった。期待したカラソムに裏切られ、ある程度は食料を備蓄しているだろうと思ったウクルルにも完全に裏切られたことで、もはや第31師団が生きて帰れる選択肢は、フミネに到着することしかなかった。

この時の佐藤師団長の様子は次のようであった。

《烈師団長（筆者注　第31師団長）佐藤中将は、このときには、すでに聖人のごとき清明と、神のごとき大道念に立っていた。彼は何ものをも恐れざる凛烈《りんれつ》の正気を満身にたたえ、磐《ばん》石《じゃく》の決意をもって、第十五軍全員の覆滅を救わんとしていたのである》

今こそ抗命をするときであるが、それを恐れてはいなかった。強気と自信にあふれていた。

患者護送隊は先行するために、薄暮に野戦病院を出発した。病院といっても、ただの民家で、施設も薬もあるわけではなかった。担送患者の数もすくなくなっていた。七、八人

が担架の上で、雨にうたれていた。前方の薄やみのなかから、将校らしい大きな男が近づいてきて、
「ご苦労。ご苦労。フミネは近いぞ。フミネまで、がんばれよ」
と大声で患者を励ました。佐藤師団長だった。

（『抗命』Ｐ２０６）

もはや軍隊ではない

１９４４年６月23日、遂に第31師団はフミネに到達した。確かにフミネには食料はあった。カラソム、ウクルルと比較すればまだしも天国であった。しかしそこにあった食料はわずかに２日分、16トンに過ぎなかった。所詮は一時しのぎの補給であった。「フミネには食料・物資、山の如し」と言われて、最後の精神力で以てフミネに達した日本兵を落胆と絶望が覆った。そのころから、本格的な日本兵の自決が相次いだ。往路は晴天・乾燥のインド―ビルマ国境地帯が、帰路は雨季に入って見るも無残な豪雨となり、最後の希望と精神力だけで徒歩行軍してきた日本兵からすべての気力と体力を奪い取った。銃口をくわえ、足で小銃の引き金を引いて自決する日本兵が続出した。

自分で歩けぬ者は地べたに寝ていて、撤退してくる兵の足にとりすがっては、

「どうか連れていって下さい。一生のお願いです」
と泣いてたのんだり、それだけの気力も失った者は、かすかに手をあげて、
「そこへ行くだんなさん、水をいっぱい飲ましてくれんかな」
と、うつろに呼びかけたりした。

（中略）

歩くことが困難になった兵は、身軽になるために、持っているものを捨てた。一番さきに捨てるのは鉄帽だった。次は防毒面だった。防毒面は捨てる前に、なかにある毒ガス濾過のための、炭をたべた。下痢の薬の代りであった。そのあとでは、小銃を捨てた。（中略）

小銃は天皇陛下のものであり、軍人精神がはいっていると教えられた。その至高のものさえ捨てて行った。ぬかるみの山道に、こうした装具や武器が転々とおき捨てられていた。一切の品物を捨てても、兵が最後まで手離さなかったのは飯盒であった。飯盒を失うことは、生命を失うことであった。

（『抗命』P236-238）

もはや日本軍は、「軍隊」ではなかった。軍隊という名前を冠する、ボロボロの衣服を着た単なる幽霊の群列であった。彼らにとってもはや敵は英印軍ではなく、餓死とマラリアであっ

た。兵士たちは小銃まで捨て、徒手空拳でただただコメを炊く飯盒だけを持って、コヒマから撤退した。ただ自らの命をつなぐ食料を求めてひたすら行軍する。それだけではなく、まだしも健康状態が良い兵士が、味方の兵士を襲って食料を奪うという暴力事件も頻発した。これがために第31師団は、敵ではなく味方の食料強奪を警戒するために特別警備隊を組織したほどであった。こんなものはもはや軍隊ではなかった。軍を律する「軍紀」などというものは微塵に砕け散って1ミリも残っていなかった。

すべての師団長を解任

　この状況は、佐藤率いる第31師団ばかりではなく、インパールを挟撃する手はずだった第15師団と第33師団もほぼ同じであった。第33師団の柳田中将が「統制前進」という難癖で牟田口から師団長をクビにされたことはすでに述べたが、アラカン山系を東から西へ進撃し、北側からインパールを挟撃する手はずであった第15師団の山内中将も、１９４４年6月28日に牟田口の勘気に触れ師団長を解任された。もともと山内中将はインパール作戦に対して消極的な姿勢であったが、いざ作戦発動となると渋々やる気を見せた。

　しかし山内は元々病弱だったこともあり、アラカン山系を越えたあたりから発熱に悩まされるようになった。おそらくどこかの時点で悪性マラリアに罹患したものと思われる。第15師団がインパール盆地に進出するようになると、山内の病態はますます悪化した。38・5度以上の高熱にうなされる日々が続いた。牟田口はそんな山内の状況を知らずか、師団長解任の決定を下した。インパール攻略が予定した天長節を過ぎても一向に達成できないことに業を煮やし、山内を「攻撃に積極的ではない」として解任したのだ。山内の後任にはこれまた第33師団の柳田中将の後任に田中少将が配属されたのと同じように、勇猛果敢で精神力だけは旺盛な体育会系の柴田卯《う》一《いち》中将が就いた。しかし柴田の机上の精神力では戦局の挽回は不可能だった。

こうして、作戦行動中に第33師団、第15師団の師団長が相次いで解任されるという異常事態となり、遂に第31師団の佐藤中将にもその刃が向けられた。１９４４年７月９日、佐藤のもとへ牟田口から師団長解任の電報が届いた。第31師団はコヒマから完全撤退し、カラソム、ウクルルの補給拠点から一粒のコメも補給できず、ようやくフミネに至って一服したが、それでもまだ無理と判断してさらにフミネからすぐ南にある町・タナンに司令部を移し、バラバラになった部隊を掌握し、食料確保に狂奔しているときであった。

師団長解任理由は、「コヒマから独断で撤退したための軍命令違反」であった。後任が到着するまでは、コヒマで奮戦した宮崎少将を臨時代理とする旨申し伝えられた（正式には、佐藤の後任としては河田槌《つち》太《た》郎《ろう》中将が着任した）。佐藤はこの牟田口による師団長解任を予期していて、全く動じなかった。柳田、山内に続き、自分も師団長をクビになることは十分予想される事態であった。

　インパール作戦という大作戦を挙行するにあたり、作戦行動中の3個師団のすべての師団長が解任されるというのは、日本陸軍始まって以来の異常事態であった。もはやこの3個師団を統率する牟田口の第15軍は崩壊寸前であった。それでも牟田口は、インパール作戦をやめようとはしなかった。前線から「牟田口は最前線から５００キロも離れたビルマのメイミョウで芸者遊びに耽っている」との批判や揶揄が相次いだので、牟田口は「ビルマの軽井沢」とも称された保養地・メイミョウを出発し、１９４４年5月（雨季）になってようやく第15軍司令部を第33師団にやや近い、タンタンという集落に前進させ、まもなくさらに近いインタンギーに移し、最終的にはインパール南道を見渡すクンタンに移した。しかし、ここでの牟田口の行動は、周囲の幕僚が呆れるほどの異常性を秘めていたという。牟田口はこの急造された新司令部近くの丘に、白砂を敷き詰めて簡易の鳥居を建て、毎朝「八《や》百万《およろず》の神」に戦勝を祈願したという。牟田口司令官は、ある朝、将校たちを丘の上に集合させ、長々と佐藤を罵る訓示をした。

　「諸君、佐藤烈兵団長は、軍命に背きコヒマ方面の戦線を放棄した。食う物がないから戦争は出来んと言って勝手に退りよった。これが皇軍か。皇軍は食う物がなくても戦いをしなければならないのだ。兵器がない、やれ弾丸がない、食う物がないなどは戦いを放棄する理由にはならぬ。弾丸がなかったら銃剣があるじゃないか。銃剣がなくなれば、腕で行くんじゃ。腕もなくなったら足で蹴れ。足もやられたら口で嚙みついて行け。日本男子には大和魂があるということを忘れちゃいかん。日本は神州である。神々が守って下さる。毛唐の奴ばらに日本が負けるものか。絶対に負けやせん。必勝の信念をもってやれ。食物がなくても命のある限りやり抜くんじゃ。神州は不滅であることを忘れちゃいかん」

（『抗命』Ｐ２６２）

異常である。実際にインパール作戦には「日本男子」だけではなく日赤（日本赤十字社）の看護婦も同行していた。彼女たちは撤退する際、もはや餓死するという悲観の中で集団自決を遂げた事実があった。女性もこの作戦でたくさん死んでいったのである。

この時の牟田口は、なんらかの精神異常をきたしていたと推察される。戦後牟田口は、連合国の尋問に対し、「私がインパール作戦の失敗を痛感したのは、１９４４年の４月末のことでした」と回答している。タンタン、インタンギーを経てクンタンに牟田口が司令部を移したのは１９４４年６月のことであったから、後年の述懐を考えるに、この時すでに牟田口は「インパール作戦の失敗」を強烈に自覚していたはずであるが、その内心とは裏腹に彼は八百万の神に祈祷し、「飲まず食わずでも日本軍は戦える。手で殴って手がもげたら足で蹴って歯で嚙みつけ」と訓示していたのだから、もはや通常の精神状態ではない。

作戦中止の決定

1944年7月1日。大本営は正式にインパール作戦の中止を天皇に奏上した。同年7月3日、インパール作戦の中止決定は牟田口の上層部である南方軍宛に正式に届いた。このようにしてインパール作戦は終わった。しかし、もはや兵士の体ですらなくなり、餓死寸前で撤退してくる日本兵にとっては、インパール作戦が終わろうが終わるまいが関係のないことであった。彼らはただひたすら飢えとマラリアから逃れるため、元来た道、つまりビルマへビルマへと歩いて、その途中で死んでいったのだった。のちに言う「白骨街道」である。

牟田口は最後の「天才的工作」を発動して、インパール作戦の失敗を全部コヒマから撤退した佐藤の独断処理のせいにしようとした。師団長を解任された佐藤は、むしろ意気揚々としてビルマ方面軍司令部のあるラングーンへと向かった。そこで佐藤は意外な「仕打ち」を受ける。医師による身体検査である。3月から始まり、実に4カ月に及んだインパール作戦で佐藤の疲労は激しいものであったが、根が頑強にできている佐藤の健康状態には何の異常もなかった。にもかかわらず身体検査とはどういうわけか。牟田口は佐藤が独断でコヒマから撤退した理由を「精神に異常をきたした」として上層部に報告していたのである。そしてそれによって佐藤を軍法会議にかけ処刑しようとたくらんでいたのだった。これが世に言う「発狂事件」である。佐藤は骨髄から採血までされた。佐藤は烈火の如く怒った。書籍『責任なき戦場』には、「牟田口を叩き殺すんだ！」とまで叫んだとある（P219）。

しかし佐藤は、結局軍法会議にかけられることはなかった。いざ軍法会議になると、被告人の佐藤に、いかに牟田口が異常で稚拙な作戦指導を行ったかを洗いざらい話されて、かえって牟田口やその上司であるビルマ方面軍、ひいては南方軍全体の責任問題になることを上層部は恐れたのであった。こうして佐藤は「精神に異常をきたした」という書類上の処理で終わり、場合によっては死刑もあり得る「抗命罪」は適用されず、不起訴になって終わった。インパール作戦失敗の責任の所在は遂にうやむやにされた。佐藤はラングーンでしばらく養生したのち、ジャワ（インドネシア）に飛ばされた。そこで終戦となった。

だが考えてみるまでもなくインパール作戦にあって「精神に異常をきたした」のは佐藤の方ではなく牟田口の方ではなかっただろうか。部下の命を救うべく、上司の命令に違反——、つまり死刑を覚悟して第31師団を撤退させた佐藤の決断こそが、極限と狂気が支配するインパールにあって、唯一正気・常識を保っていたのではないだろうか。

宮崎繁三郎の抵抗

英印の大軍と張り合う

ここで佐藤の第31師団で殿軍を務め、撤退を大いに助けて奮戦した宮崎連隊（第58連隊）の宮崎繁三郎少将についても触れておかなければならない。宮崎率いる第58連隊は、佐藤の隷下であったが、ウクルルを占領したのちサンジャックに後退した英印軍の蜂の巣陣地を攻略する際に大激戦となり、何とか英軍を撃破することに成功したことはすでに述べた。

宮崎流戦術は、「攻撃こそ最大の防御なり。撤退など絶対に許さない」という日本軍側の空気感の中にあって極めて異質であり合理的であった。英印軍を見つけると散発攻撃を仕掛け、敵が反撃してきたらすぐ撤退する。これを繰り返して英印軍を大いに翻弄した。無駄な突撃や玉砕を禁じた。物量差や兵器の性能差を、神出鬼没のゲリラ戦術で克服しようとしたのだ。

宮崎には現地人の心を掌握する才能があった。インパール作戦では、携行食料を食べつくした日本兵がインドの現地人に何の価値もない軍票を食料と交換させたり、後半になるとそれすらしないで無理やり食料を収奪したりしたため、現地人の日本軍に対する感情は次第に非協力的になり、日本軍の行動をイギリス側に密告する村人も現れたほどであった。宮崎はこうした日本軍の行動を厳に戒めた。宮崎はインパールに来る前、満州や中国戦線で特務機関に勤めたり駐在武官をやったりした経験があった。その経験をもとに、戦争に際しては現地人の協力が最も重要であるとし、無理やり村落から食料を略奪したり軍票との交換を強要したりすることを厳禁とした。これによって宮崎の部隊は特に現地インド人からの評判が良く、苦戦する宮崎連隊に逆に現地の村長が豚や鶏を送ってくることもあったという。これにより、実は宮崎連隊ただ1個だけ、インパール作戦の最後の最後まで食料問題は起こらず、兵士たちはただの一兵も餓死をしないで済んだのである。奇跡的とも言うべき宮崎の人心掌握術である。

　しかしさしもの宮崎もサンジャックの激戦でその兵力を半減させ、そのままコヒマ攻略に向かったときには苦戦を強いられた。英軍の頑強な要塞陣地の攻略に際して、戦傷者が続出した。そこで宮崎が考案した新戦法は「三人組戦法」であった。

> これは一人は手榴弾手、一人は銃剣術手、一人は小銃援護射撃手である。銃手が射撃している間に、手榴弾と銃剣術でトーチカの中の敵を倒す、という戦術で、これはそうとうな戦果を上げた。このほか宮崎は、ガソリン攻撃やいぶし攻撃などを工夫して、連日、敵の最後の拠点のイヌとネコの高地を攻撃させたが、この二つはついに落ちなかった。
>
> （『名将宮崎繁三郎』P360）

宮崎の創意工夫を以てしても、コヒマを完全占領するには至らなかったのである。そして遂に宮崎は、コヒマ撤退を決断した佐藤の第31師団を守る殿軍を任されることになった。ここでも宮崎の工夫は光った。コヒマからの撤退は、すでに述べた通り牟田口からどんな横やりや妨害がなされるか分からないので、佐藤が独断で推し進めて準備した極秘裏の作戦である。しかしこの撤退も、宮崎連隊がコヒマで英印軍をひきつけ、1日でも長く日本軍を追撃させないことが前提になっていたから、宮崎の腕一本にかかっていた。

宮崎は寡兵をもって多勢の敵に対抗するため、多くの欺瞞行動を行なったが、その例を上げてみよう。

> （筆者注　第58連隊）司令部高地の右前方約二百メートルの稜線は、敵がさきに占領していた陣地線である。この線に宮崎は、（筆者注　インパール作戦）開戦前から準備していたインド国民軍の大旗を、二百メートル間隔に十本ばかり、夜間のうちに刺しておいた。
>
> 　これに対して（中略）敵砲兵陣地から猛烈な射撃が行なわれ、二、三時間の間に、この旗のすべてが吹き飛んでしまった。また夜の間に刺しておくと、翌日も猛射がつづく。ただし司令部から二百メートルくらいしか離れていないので、ときどきそれ弾が飛んでくる。

安藤少尉が、

「もうだいぶ効果があったし、司令部も危険のおそれがあるので、止めたらどうですか？」

と進言しても、

「いや、あれだけの砲弾を吸収するのは、それだけ五十八連隊が楽になることだ。司令部が危険なことくらいは、我慢しなければならない」

といって、宮崎は準備してきたすべての旗が終わるまでこの作戦をつづけた。後に判明したが、この敵砲兵の総攻撃のために消費した砲弾は、数万発といわれる。

（中略）

押しよせる敵に対して、宮崎は奇術の限りをつくした。各所に小夜襲をくり返して、部隊が多いように見せかけたり、あちらこちらに炊事の煙を上げる、戦国時代の故智を見習ったりして、敵の前進をさまたげた。


（『名将宮崎繁三郎』Ｐ３６５-３６８）

このようにして宮崎は、極端な制約のもと、今現在でき得る範囲のすべての知恵を出し切って、持てる資源を最大限合理的に活用することで、英印軍の大軍と見事に張り合ったのであった。この宮崎の活躍がなければ、佐藤のコヒマ撤退は成功しなかったであろう。結局、この宮崎連隊も最終的にはコヒマから撤退するが、見方によってはこの戦いにおいて宮崎は勝利したとも言える。それは敵の英軍に対してではなく、日本軍の究極の理不尽に対して、知恵と工夫を総動員して抵抗し、勝利を勝ち取ったと言えるのではないか。インパール作戦唯一の勝者は誰かと言えば、英軍ではなく、もちろん日本軍でもなく、この宮崎だったのかもしれない。

将軍たちのその後

第一部の最後にあたり、インパール作戦に関与した各将軍たちのその後を記しておく。まず、インパール作戦に終始強硬に反対した南方軍の稲田副長。南方軍からアンボン（インドネシア）に異動した後、本土決戦準備のため第16方面軍（福岡）の参謀長に着任するがそのまま終戦。極東国際軍事裁判で懲役７年の判決を受けたが１９５１年に釈放される。民間会社の役員などを務め１９８６年に89歳で没。

牟田口の直属の上司で作戦当時ビルマ方面軍司令長官だった河辺正三中将。インパールの戦局がいよいよ怪しくなった１９４４年６月５日にインタンギーにて牟田口を直接訪問するが、遂に作戦中止の決断をすることはなかった。１９４５年３月大将に昇進。翌４月には航空総軍司令官の要職を務めたが終戦。１９６５年に78歳で没。インパールでの牟田口の強引な作戦手法を戒める立場にありながら、牟田口を放置黙認し、無策であったことの責任については遂に問われることはなかった。

第15軍で補給の権威であり、その観点から作戦に猛反対した参謀長の小畑信良少将。参謀長解任後は満州に移されるもソ連軍の侵攻の中捕虜となりそのままシベリアに抑留された。１９５６年、９年にわたった抑留生活を経て帰国。１９７６年に79歳で没。小畑の代わりに牟田口のＹＥＳマンとして着任した久野村桃代中将。のち近衛第２師団長を拝命しインドネシアで終戦を迎える。１９７９年に85歳で没。

次に牟田口に作戦途中で解任された３個師団長のその後である。最初に「統制前進」を理由に師団長を解任された第33師団の柳田元三中将。インパール作戦には強く反対した。解任後、終戦直前に満州の関東州防衛司令官に任ぜられるも、ソ連侵攻により捕虜となり、そのまま抑留され１９５２年にモスクワで没。59歳。

柳田の次に解任された第15師団の山内正文中将。高熱を発しながらも何とか前線指揮を執ったが病状が良くならず後送され、１９４４年８月、そのまま第15軍司令部のあったビルマ・メイミョウで死亡。52歳。死因は肺結核と診断された。そして第33師団長の佐藤幸徳中将は、インドネシアで終戦を迎えたのち帰国。肝硬変のため１９５９年、東京・世田谷の病院で没した。65歳。高木の『抗命』は佐藤の死から７年後、１９６６年に文藝春秋から出版されベストセラーとなり、佐藤への評価は一変して今に至っている。

インパール作戦最大の責任者である第15軍総司令官牟田口廉也中将はどうなったか。さすがに牟田口は第15軍総司令官を解任され、内地で航空学校の校長となる。このためシベリアに抑留されることも捕虜になることもなかった。１９５９年に佐藤が死ぬと、牟田口はその葬儀に訪れ「済まないことをした」と一旦は遺族に謝罪の意思を見せた。

しかし、１９６２年になると牟田口のこの殊勝な態度は一変する。というのも牟田口のもとに英国から一通の手紙が届いたからであった。敵であった英軍のパーカー元大佐からの英語の手紙であった。そこにはインパール戦史執筆のための、牟田口に対する様々な質問が書かれていた。その中で、「貴方（牟田口）の軍がコヒマを占領してからそのままディマプルに向かっていたら、英印軍は危機に陥っていただろう」という一文を見つけ牟田口は飛び上がるようにして喜んだ。戦後、牟田口は生き残りの兵士たちから「よく生きていられるな」等と陰口を叩かれ評判はすこぶる悪かったが、このパーカー元大佐からの手紙の文面によって彼は驚喜した。１９６２年、牟田口は国会図書館による戦史資料記録事業のため「牟田口文書」とされる自らの主張をしたためた文章を残した。その中で牟田口は、

「私はまちがってはいなかったのだ！　何も恥じることはなかったのだ！　私が決心した通りにやっていたら、勝てたのだ！」

と書き、やはりインパール作戦失敗の原因を部下に押し付けた。牟田口は死ぬまで自分の非を認めることはせず、作戦失敗は部下のせいである旨、様々な雑誌に寄稿するまでになった。

牟田口は佐藤の死から7年後の1966年に死んだ。77歳だった。奇しくもこの年に高木の『抗命』が出版されることになる。

佐藤の部下、第58連隊を率い、地獄のインパール作戦で唯一、一人の餓死者も出さず勇猛に戦った宮崎繁三郎少将は、その戦功が認められて中将に昇進。インパール作戦の失敗で防戦から攻勢に移り、そのままビルマになだれ込むように入ってきた英軍に対し、ラングーンで頑強な抵抗を続けたが、そのまま終戦を迎え英軍の捕虜になった。1947年に帰国。一時生死不明とされ家族に生存を絶望視された宮崎だったが、夫人や子供たちと無事再会することができた。

戦後、宮崎は自衛隊からの招きがあったもののこれを断り、東京・下北沢駅前に1軒の家を買って雑貨店の店主となった。店の名前は「岐阜屋」。宮崎の出身地から取った名前であった。戦後、宮崎は公的には牟田口や軍を批判することは一切なかった。「岐阜屋」には開店の噂を聞いた生き残りの部下たちが宮崎を慕って次々にやってきたという。1965年、宮崎は腎臓病のため東京都内の病院で死去。73歳だった。

宮崎はビルマで一匹の子ザルに出会った。この子ザルを「チビ公」と名付け大層可愛がった。チビ公は宮崎によくなつき、インパール作戦中、サンジャックでもコヒマでも宮崎とずっと一緒で、常に宮崎の肩に乗っていたという。宮崎が最も愛した戦友はこのチビ公だったのかもしれない。終戦後、宮崎はラングーンで捕虜になると泣く泣くこのチビ公を手ばなした。ビルマの野に戻されたチビ公がその後どうなったかは不明である。人間に好かれる名将は、動物にも好かれるのだ。

コラム　太平洋戦争はなぜ始まったのか

戦後50年を経たころから、「太平洋戦争（当時の日本側呼称：大東亜戦争）はアジア解放のための戦いであった」論が沸き起こってきた。日本が真珠湾を奇襲した１９４１年12月８日当時、アジアにおいて真に独立国と呼べるのは日本以外にタイ王国だけで、他はイギリス、アメリカ、フランス、オランダ、ポルトガルの植民地か自治領（英領インド帝国）、良くて保護国（ネパール、ブータン、チベット）であった。これを以て「日本がアジアの欧米列強植民地を解放した」とする説が、１９９０年代後半から書籍や言論雑誌等に氾濫している。本書では、この説を歴史学的に論外として取り扱う。

なぜなら、確かに当時の日本は対米英蘭開戦の際、公式に「（1）自存自衛と（2）東亜（アジア）の解放（東亜新秩序）」を掲げた。（1）の自存自衛は、特に開戦まで、鉄や原油等のほぼすべてをアメリカに頼っていた日本が、アメリカ等から経済制裁を受けたため仕方なく経済自衛のための戦争として開戦を決意したことを謳っている。しかし「アメリカから経済制裁を受けた」という理由だけでは戦争の大義としては乏しいので、日本は（2）の、東亜の解放をことさらに強調した。

すべての戦争は、建前（大義）と本音が両立している。ナチス・ドイツの場合の戦争大義は、

日本による「東亜解放」の実態

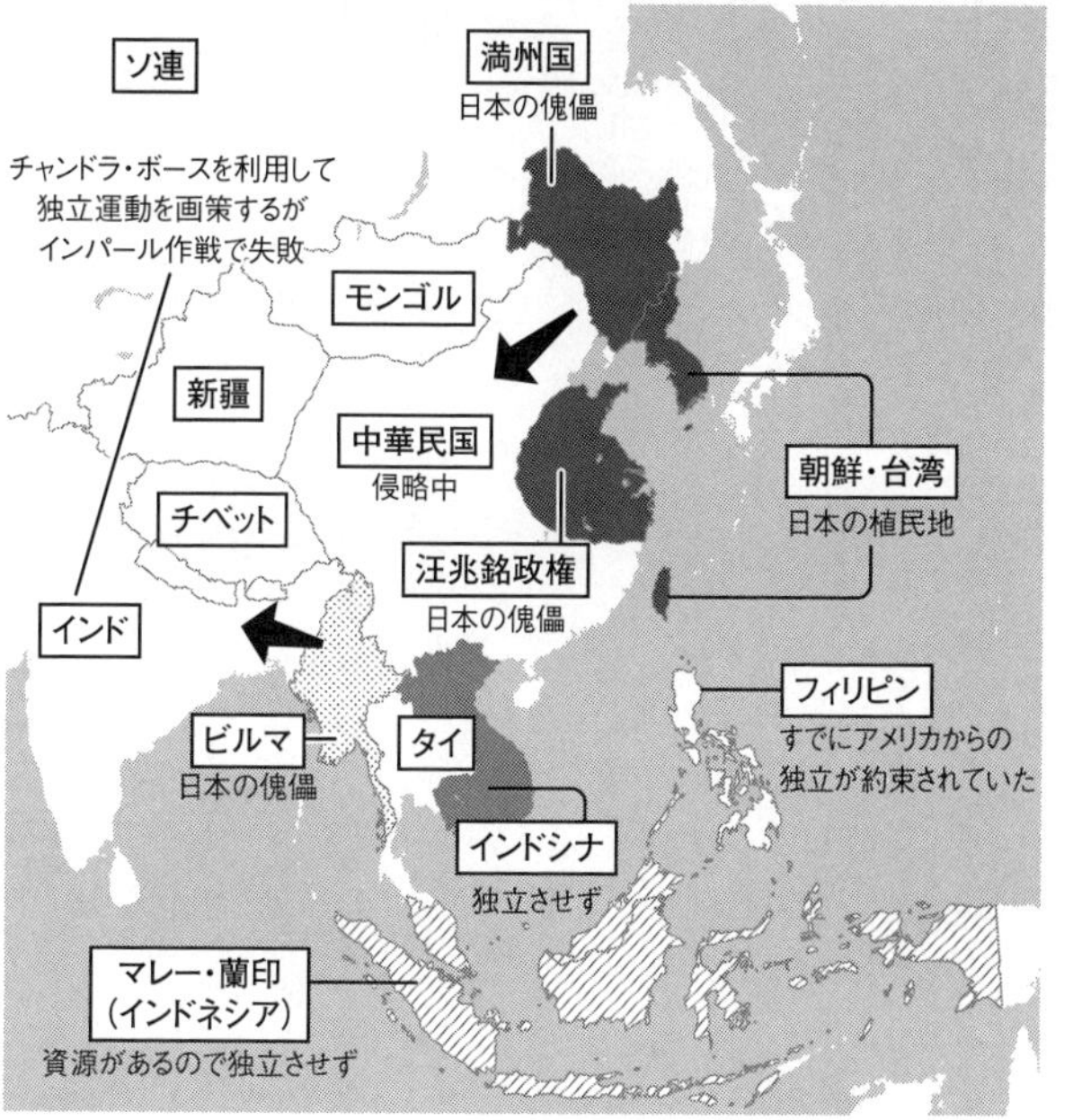

第一次大戦でドイツが敗北するまではドイツ固有の領土であった自由都市・ダンツィヒのポーランドからの奪還であったが、本音はドイツ民族の東方生存圏の拡大（ポーランド以東の植民地化）であった。

ムッソリーニ率いるイタリアは1935年にエチオピア、1939年にアルバニアを侵略したが、その戦争大義は「未回収のイタリア」と呼ばれる、第一次大戦で本来イタリア領土になるべきであったイタリア固有の領土の獲得と、「エチオピアの近代化」であった。しかし本音はムッソリーニの領土拡大の野望である。

日本の場合もこれに漏れず、「（１）自存自衛と（２）東亜の解放」は戦争大義の建前で、本音はアメリカとの長期戦を続けるために必要な資源の収奪であった。特にインドネシア（当時蘭印）には、良質の原油を産出するバリクパパンとパレンバンの２カ所の製油所があり、開戦当初大本営はこの製油所の無傷での占領にことさら固執した（実際にはこれらの製油所はオランダ軍との戦闘で損傷を負ったが、日本軍は数カ月で修復させている）。

日本は、戦争大義を「東亜の解放」と謳っていたので、これら南方地域を占領中に、ビルマ、フィリピンを独立させたが、すでにフィリピンは１９３５年の段階でアメリカ議会が10年後の独立（フィリピン・コモンウェルス＝１９４５年）を約束していたので何の意味もなかった。そして石油やゴムが豊富な英領マレー（マレーシア）とインドネシアは「帝国直轄地」として扱い、敗戦まで独立させることはなかった。

事実、日本の敗色が濃くなった１９４３年11月、東京で開催された「大東亜会議」では、日本の傀儡であった満州国、汪兆銘政権（日本の中国占領地域に樹立された協力政府＝首都南京）、ビルマ、フィリピンなどの代表が招集されたが、仏印（フランス領インドシナ）、マレー、インドネシアからの出席は遂になかったのである。

「東亜の解放」を謳っておきながら、有望な資源が湧き出る最も重要な場所は独立させなかっ

第二次大戦前・戦中の主要国国力

（億ドル）

年度	日本	イタリア	ドイツ	イギリス	フランス	ソ連	アメリカ
1929年	1232.5	1224.4	1759.7	2399.9	1923.6	2383.9	8443.2
1930年	1142.9	1164.1	1652.3	2382.7	1867.8	2523.3	7692.2
1931年	1152.6	1157.4	1484.1	2260.5	1756.1	2572.1	7101.6
1932年	1249.1	1194.7	1346.2	2277.6	1641.6	2544.2	6164.1
1933年	1371.8	1186.6	1486.9	2344.1	1759.0	2648.8	6034.6
1934年	1374.5	1191.6	1601.6	2498.5	1741.8	2909.0	6500.8
1935年	1412.4	1306.4	1746.6	2595.0	1697.5	3348.2	6998.1
1936年	1515.1	1308.7	1929.4	2713.0	1761.9	3613.1	7992.6
1937年	1587.5	1398.3	2045.5	2807.3	1863.5	3980.2	8334.5
1938年	1693.7	1408.3	2303.6	2841.7	1856.3	4052.2	8003.0
1939年	1960.4	1510.9	2411.0	2869.5	1989.4	4303.1	8640.1
1940年	2017.7	1520.3	2428.4	3156.9	1641.6	4200.9	9308.3
1941年	2045.2	1501.6	2582.2	3444.3	1298.1	N/A	11002.1
1942年	2034.2	1482.9	2617.0	3530.1	1163.6	N/A	13203.6
1943年	2063.2	1343.0	2669.3	3607.3	1104.9	N/A	15829.8
1944年	1974.2	1091.2	2737.4	3465.7	933.2	N/A	17155.8
1945年	987.1	854.3	1946.8	3313.5	1011.9	3336.6	16466.9

※データは1990年ドル基準の実質GDPを購買力平価で換算した値。
出所：『Monitoring The World Economy 1820-1992』OECD

たという一点を以て、大義とは裏腹の本音が垣間見えるところであるが、これは揺るぎない史実である。

日本は第一次大戦の戦勝国で、第一次大戦後には米英仏伊と並んで世界五大国の地位を獲得するに至った。しかし終戦直後の大正期におけるその実態は、日本のＧＤＰはイタリアよりも下で、１人当たり所得はさらにずっと下であった。日本は第一次大戦の戦勝国としての地位を獲得しながらも、イタリア以下の工業国で、半農国家であった。

日本の総人口は１９２０年ごろ、朝鮮と台湾を除く内地のみで約５６００万人だったが、日本の経済力ではこの人口を養うことは不可能とされており、「少子高齢化」が社会問題となっている現在とは正反対に、当時の日本社会の大きな問題は内地における「人口過剰」であった（ちなみに当時、朝鮮の人口は約１３００万人、台湾は約５００万人であった）。いかに内地の余剰人口を外地に吐き出すか――。それが戦前日本の最重要課題であり、よって常に日本は外側に植民地を求めざるを得ない状況に置かれていた。

そのような中、日本は国際連盟の常任理事国として１９２０年代には一応、米英仏と連携して国際協調路線を歩む（――この時に敗戦国のドイツが領有していた中国の山東権益と南洋諸島を日本は獲得した）が、１９２９年の世界恐慌により昭和恐慌が起こると、途端に対外拡張路線を採る。世界恐慌を受けて英仏はブロック経済圏を作り、おおむね自国と植民地間との交易だけで経済を安定させる方針を採ることができた。しかし日本とイタリアは、それぞれ朝鮮・台湾、リビア・ソマリアという植民地を有していたがあまりにも資源がなさすぎてブロック経済圏を作ることができず、日本の場合はその打開の糸口を満州に求めたのである。

当時の日本は、明治国家を築き上げた少数の財閥が経済の中枢に居座り、その下には無数の無産階級や小作人がいた。経済が近代化されていたのは三菱や住友や安田といったごく一握りの財閥とその系列会社だけで、圧倒的多数の零細企業や農民は封建的な因習と低生産性に甘んじていた。この経済構造を「二重構造」と呼び、この問題は戦後、高度成長が始まってもなお解消されないで継続する。

このように国内の生産性が一向に改善されず、世界恐慌に端を発した昭和恐慌では、当時のエリートであった大学卒業者（同世代人口の数％）さえ「大学は出たけれど……」が合言葉になった。つまり大卒のエリート層でも全く就職先がなかったのである。農村部は特に悲惨で、東北では酷い場合では餓死、女子の身売りが多発した。

この時期に活躍したシンガーの添田《そえだ》唖《あ》蟬坊《ぜんぼう》はその曲「あきらめ節」で「地主金持は我儘者……」と歌っているがこれは本当のことで、当時の日本はごく一握りの大土地所有者＝地主が、小作人に不当に高い借地料（小作料）を要求し、これに耐えられなくなった小作人が小作争議を起こしたり、農地を放棄して破産したりするという事態が続出した。大日本帝国憲法下では、戦後の日本国憲法のように小作人（――戦後は小作人という概念自体廃止された）の基本的人権は守られず、封建的格差社会への不満が鬱積し、不況下になると社会不安がますます増長した。

このような状況を憂えて日本経済の中枢を占める一握りの財閥とそれに籠絡された政府の重臣を倒し、昭和天皇による天皇親政を実現しようと決起したのが、１９３６年2月26日に起こった陸軍青年将校（皇道派）によるクーデター、俗に言う「二・二六事件」であった。この決起は失敗し、青年将校らは反乱軍として死刑になったが、日本社会に蔓延する格差は全く解消されなかった。

そのような状況下で日本が求めたのが中国大陸であり、満州であった。満州には鉄鉱石をはじめ石炭、亜鉛、ニッケルなどの有望な地下資源が眠っている。なによりも日本の人口過剰を解決するのに適した広大で未開発の土地が広がっている。国内の生産性が改善できないのであれば、行き着く先は領土拡張しかない。そうして日本は関東軍の独走を日本政府が追認する形となり、１９３１年に満州事変を経て、日本の完全な傀儡国家である満州国を建国した。

この建国過程が無理筋であると米英仏に批判されると、１９３３年に国際連盟を脱退して、日本は枢軸（独伊）に急速に接近した。日本はさらなる大陸進出を図るため北支分離工作（華北分離工作とも。北京を含む北部中国を日本の支配下に入れる工作）を経て１９３７年に盧溝橋事件を起こし日中戦争を開始。結果、中国国民党（蔣介石）などとの全面戦争に突入していく[*1]。当然、大陸における日本の覇権確立を好まない米英はこれに対抗し、公式に非公式に、蔣介石を支援していくこととなる（援蔣ルート）。ソ連もまた蔣介石を支援し、ナチス・ドイツも当初は蔣介石を支援して軍事顧問団を派遣している（のちに日独関係に配慮して顧問団は帰国）。アメリカは航空義勇軍を派遣した。

決定的だったのは、日本の仏印進駐である。日本は１９４０年に日独伊三国同盟を結んで完全に枢軸陣営に入るや、同年ナチス・ドイツに降伏したフランスの親独的中立政府「ヴィシー政府（南仏）」と協定を結んで、フランスの植民地であった仏印の北部（北部仏印）と南部

(南部仏印)に２回に分けて進駐する(１９４０～１９４１年)。

これが太平洋における日本の進出を警戒していたアメリカの敵意に火をつけ、日米対立は決定的となる。当時、アメリカは米西戦争(１８９８年)の結果獲得したフィリピンを植民地とし、１９３５年にはフィリピン・コモンウェルス(フィリピン独立準備政府)の設立を許していたため、なおのことフィリピンに極めて強い影響力を持っていた。１９２０年代からは、のちに日本の厚木飛行場に降り立つことになる連合軍最高司令官ダグラス・マッカーサーの父親、アーサー・マッカーサーJr.を植民地総督としてフィリピンの社会基盤建設と軍事要塞化(クラークフィールド飛行場、スービック軍港など)を実行し、中国を含めた太平洋地域への進出をもくろんでいた。

この前段階でアメリカは、独立国であったハワイ王国を併合(１８９３年)して露骨に覇権的傾向を表して、当時から「有望な市場」と目されていた中国への進出、つまりアジア・太平洋地域の覇権獲得を念頭に置いていた。これらの覇権的行動も、自由と民主主義の大義のもと実行されたが、実際にはアメリカの帝国主義的野望の表れであった。決してアメリカは無垢な存在だったわけではないことを付け加えておく。

ともかく、こうした状況を背景に、日本が日独伊三国同盟に基づき占領した仏印は、南シナ海を挟んでフィリピンの目と鼻の先にあり、アメリカは自国の国益のため、断固として日本の行動を容認するわけにはいかなかったのである。

ここで問題になったのがハル・ノートと呼ばれるアメリカによる対日通告である。当然、このハル・ノートは日米交渉のたたき台であり、ここから相互に妥協することもできたわけだが、日本側はこれを許容できない最後通牒と受け取ったため真珠湾攻撃に進んだ。アメリカからすれば、日本の攻撃目標は常にフィリピンであると想定していたが、遠く離れた真珠湾であったことは驚きであった[*2]。

太平洋戦争はなぜ始まったのかという問いは一言で処理できるものではないが、俯瞰すれば持てる強国・米英仏と、持たざる（――持っていたとはいえ乏しい）強国・日独伊の運命的衝突であったと言える。当然、戦争に勝利した側が敗者を悪として裁くので、日独伊の戦争大義は「悪辣な侵略」として定義されるが、朝鮮・台湾・満州国等しか植民地や傀儡国家を持たなかった日本が、「挑戦国」として米英に対峙して侵略をしたこと自体は紛れもない事実である。

そして一番重要なことは、その侵略というのが、まことにずさんな計画とあやふやな大義のもと実行されたということであり、これもまた勝者による敗者への一方的な裁きという問題を全く除いたとしてもまた、歴史の事実なのである。

では、そもそも日本は太平洋戦争をどのように「勝利」に持っていくと想定していたのだろうか。本当に米英を軍事力で屈服させることができると考えて開戦に踏み切ったのだろうか。

大まかに言えば、大本営の構想は、全くのドイツ頼みだった。真珠湾攻撃の際、ドイツはすでに欧州戦線でヨーロッパを席巻し、ソ連に対しても快進撃をしていた。日本の戦争計画は、ドイツがイギリスを打倒することを前提としていた。連合国の盟主であるイギリスが降伏すれば、同じ白人国家であるアメリカも日本と講和に応じるだろうという他力本願の妄想であった。つまり日本としては、ドイツがイギリスを屈服させることが、この戦争の勝敗を決すると考えていたのだ。

だが、ご存知の通りイギリスは抵抗を続け、大戦中盤以降はドイツは逆に追い詰められていく。戦争中、日本とドイツの物的連絡はUボート等を用いた潜水艦によって行われていただけで、日本にとって欧州は遠すぎ、軍事的にドイツに助力することはできなかった。戦争の見通しをドイツ勝利＝イギリス降伏と見誤った時点で、日本の運命は決定していたのだった。

＊1――日中戦争の構造

日本と中国の戦争は、欧州におけるスペイン内戦と同じく、第二次大戦の前哨戦であった。１９３６年から独伊の支援を受けたファシストのフランコ将軍（ファランへ党）が、ソ連と国際義勇軍

日中戦争当時の東アジア

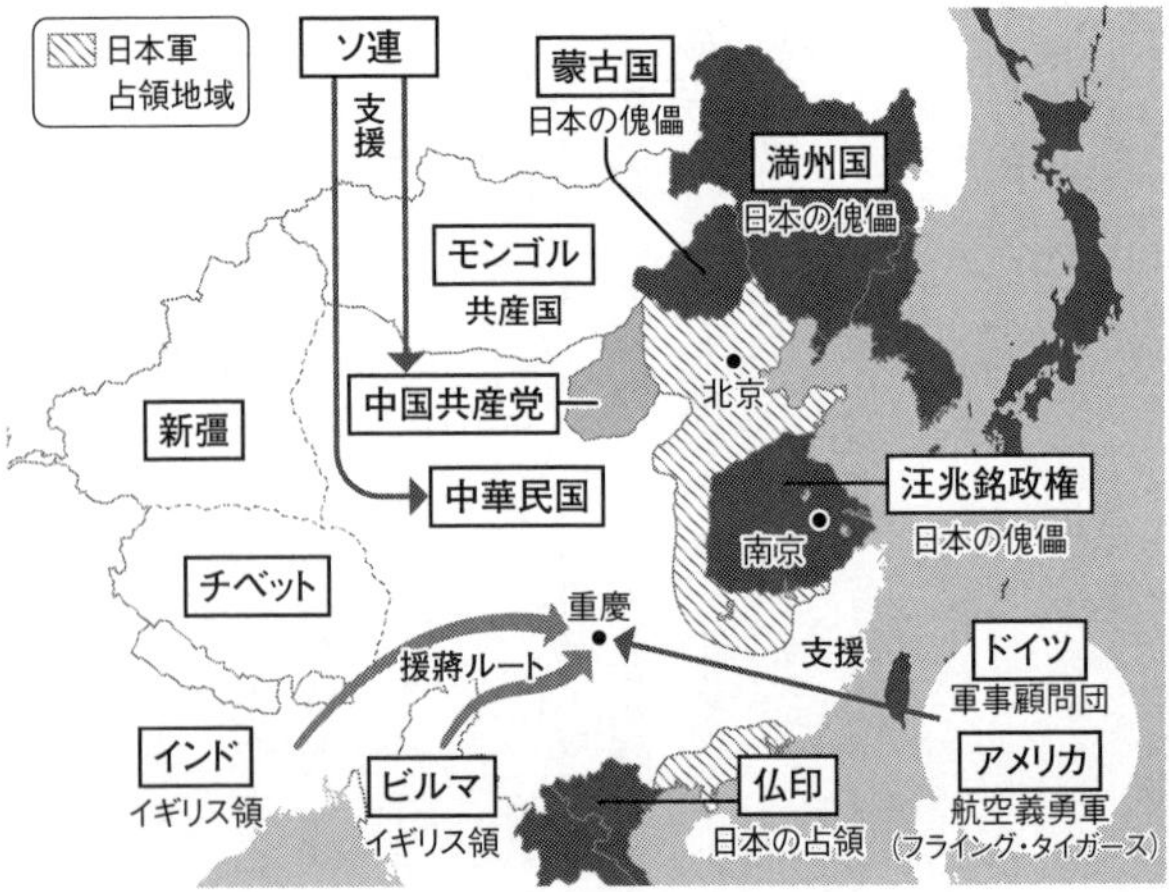

（共産主義者・無政府主義者ら）の支援を受けたスペイン政府との間で激しい内戦（１９３９年まで）を続け、スペイン政府軍の打倒に成功した。

これはのちの枢軸国VS.連合国の代理戦争であった。一方日中戦争は、日本の中国ひいてはアジアでの覇権を良しとしない米英仏＋独ソVS.日本の代理戦争の側面があった。イギリスはビルマ方面からビルマ公路・レド公路と呼ばれる援蔣ルートを用いて中国国民党を支援した。ソ連は、毛沢東に対しても蔣介石に対しても武器と物資を提供した。日本の傀儡である満州国、および朝鮮・樺太と極東地域で長大な国境線を構えるソ連としては、中国における日本の権益拡大は危険と映った。

一方、ナチス・ドイツはのちに日本と同盟を結ぶことになるが、日中戦争当時はむしろ日本より蒋介石に対して好意的で、中国にドイツ系企業が多数進出していたこともあり、ファルケン・ハウゼン率いる軍事顧問団を派遣して国民党軍の近代化を促した（中独合作）。

このファルケン・ハウゼンは、日独伊三国同盟が締結されてヒトラーが日本重視に転換したためにドイツに帰国したが、蒋介石が毛沢東率いる中国共産党との内戦に敗れた後、台湾に国民政府（国府）を樹立したのちの第二次大戦後、「抗日戦に功績があった」として蒋介石から勲章を授けられている。アメリカは、陸上兵力こそ送らなかったものの、フライング・タイガースと呼ばれる航空部隊を義勇軍として中国に送り、中国空軍の近代化と教育を指揮して重要な役割を担った。つまり日本は真珠湾攻撃の前から、間接的にではあるがアメリカと戦っていたということになる。

＊2—真珠湾攻撃

真珠湾攻撃の際に、アメリカの空母が存在しなかった事実に関して、まことしやかな噂が戦後も独り歩きしている。アメリカは、最も重要な空母をハワイから逃がし、その代わり戦艦部隊を犠牲にして、わざと日本艦隊に真珠湾を奇襲させることにより、対日戦争の構図を作った――、当時の米大統領ルーズベルトが事前に日本軍の真珠湾攻撃を察知しており、日本を戦争に引きずり込むための陰謀として、こういった一連の措置が取られた――、というものだ。これは根拠のない荒唐無稽な陰謀論として、歴史学者の秦郁彦らによって完全に否定されている。

確かに真珠湾奇襲当時、アメリカの空母はいなかったが、それは空母「エンタープライズ」がウェーク島への輸送任務を実行中であり、そのせいで真珠湾にいなかったために難を逃れたに過ぎない。そもそも空母の重要性は真珠湾攻撃によって初めて世界的に実証されたので、真珠湾攻撃の前に軍人でもないルーズベルトが「空母は重要だから逃がす」という選択肢を採れるわけがない。事実と結果が逆なのである。

真珠湾攻撃のために択捉島ヒトカップ湾から出撃した日本海軍機動部隊（南雲艦隊）は、一切の情報が漏れないよう厳重な無電封鎖を敷いて、迂回ルートを使って太平洋の北方から真珠湾を攻撃した。当時の米軍には、厳重に封鎖された日本軍の無電を探知する能力がなかった。ともあれ、オアフ島にいた米太平洋艦隊司令長官のキンメルは、航空機等による厳重な哨戒活動をしていれば日本軍の真珠湾攻撃に対し有効な防御が取れたはずである、として集中的な批判を浴びた。敗戦責任をはっきりさせず、失敗してもその原因を真剣に調査しない日本軍とは違って、アメリカは真珠湾攻撃の失敗の原因を戦中から徹底的に調査している。秦郁彦『陰謀史観』にはこのようにある。

> 真珠湾攻撃の直後からアメリカは数回にわたり調査委員会を設け、奇襲され大損害を受けた責任の所在を徹底的に追及した。早々に現地司令官のキンメル提督とショート将軍が「職務怠

慢」の責任を負って退役したことに対し、大統領や陸海軍中央部も一部の責任を負うべきだという異論はあったが採用されなかった。戦争終結後もキンメルらの名誉回復をはかる運動はつづき、半世紀後の二〇〇〇年に議会決議（筆者注　上院）は通ったが、クリントン大統領が署名を拒んだため流れてしまう。

（『陰謀史観』Ｐ１７７）

このようにアメリカでは、真珠湾攻撃で大失敗をしたキンメル提督を「職務怠慢」であるとして厳正に処分している。戦後、キンメルの遺族によって名誉回復運動が起こされているが、２０２１年現在でも実現されていない。キンメルは真珠湾攻撃での大損害の責任を取って、攻撃からわずか10日後の１９４１年12月17日にルーズベルト自らの命令で太平洋艦隊の司令長官を解任されたばかりか、海軍大将から海軍少将に、２階級も懲罰的格下げを受けている。キンメルは翌１９４２年に予備役となり、失意のうちに１９６８年に死去した。

もしルーズベルトが日本軍の攻撃を察知して、真珠湾を奇貨として日本を戦争に引きずり込むという謀略が存在したのなら、キンメルは「職務怠慢」どころか「英雄」として遇されてもよいはずだが、事実はルーズベルト自らの手で責任を問われてその職を解任されている。「真珠湾に空母がいなかった」という事実に端を発した真珠湾陰謀論の実態とはこのようなものだったのである。

コラム　2つの政府

戦争モノの本を読んでいくと、○○方面軍とか○○師団とか○○連隊などと出てきて、初学者にはまっこと複雑怪奇である。本書にも方面軍とか師団とか連隊とかいう単語が頻出する。この構造を分かっている読者は読み飛ばしていただいて結構だが、ちょっと分かりにくいという読者のためにこのコラムを用意した。

日本軍は、東京にある大本営を頂点として、次頁の図にある通り矢印の方向に沿って命令が上意下達されていく完全な縦割り組織である。つまり陸軍なら、東京にある大本営・参謀本部↓方面軍↓軍↓各師団・旅団という風に命令が下っていく。この関係性は不変のものである。

矢印の最後にある小隊は30～60人で構成される陸軍の最小単位で、これが複数個集まったものが中隊であり、２００～５００人。さらにこの中隊が複数個集まったものが大隊で数百～１０００人程度。日本陸軍ではこの大隊を3個ないし4個束ねたものを連隊と呼び、連隊は２０００～４０００人。この連隊を複数統制するのが師団ないし旅団である。第一部の宮崎繁三郎少将率いる第58連隊は図の連隊にあたるという具合となる。

ちなみに師団と旅団の違いとは、兵員数の違いで、師団は通常約1万～1万５０００人規模

2つの政府

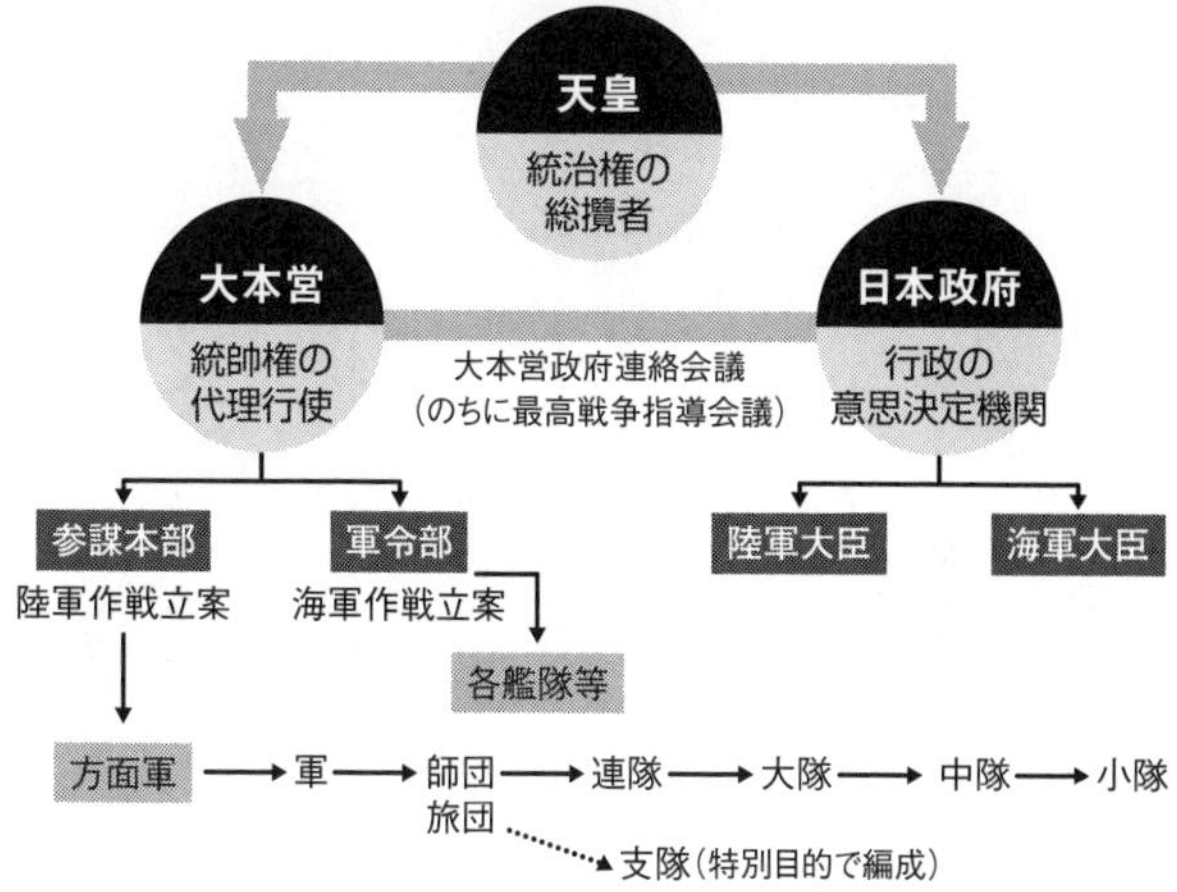

であるのに対し、旅団は2000〜6000人である。旅団は師団の小型版と考えていただいてよい（呼称の漢字のような、旅をする遊撃部隊ではない）。この師団や旅団をこれまた複数個統制するのが軍（インパール作戦で言えば第15軍）であり、さらにこの軍を複数個束ねて統制するのが方面軍（同、ビルマ方面軍）である。太平洋戦争の場合、南方作戦に際して特別に編成された南方軍（総軍）がさらにその上にあるが、最終的な指揮命令系統はすべて東京の大本営につながっている。

また支隊というのは、ここで述べた連隊や大隊という指揮系統に必ずしもとらわれない特別の目的（強襲上陸や陣地奪還）で編成される部隊で、その人員は数百〜数千人である。

大本営の下にある参謀本部とは、陸軍の作戦を立案する実務上のトップである。軍令部とは海軍の作戦を立案する実務上のトップである。それぞれのトップの役職は、参謀総長、軍令部総長と呼ばれた。

戦時中は参謀本部を「大本営陸軍部」、軍令部を「大本営海軍部」と呼んだりした。よくある「大本営発表」というのは、実際には「大本営陸軍部（参謀本部）」「大本営海軍部（軍令部）」およびその両方から発せられた情報をもとにした戦時情報のことである。

むろん、すでに述べたように、戦争が進むにつれてこの方面軍や軍の命令下にある師団等の配置が転換されたり、方面軍そのものが再編成されたりするが、命令は矢印の方向に一方通行であることに変わりない。

もっと簡単に述べると、大本営は社長、参謀本部・軍令部は専務、方面軍は局長、軍は部長、師団・旅団は課長、と理解しておいて差し支えない（――少なくとも日本の企業社会においては）。「日本政府（内閣）」は軍の行動をあれこれと命令したり決定したりする「統帥権*」を持っていないため、このチャート図の別枠（右側）に存在する。

ただし全く別だと軍と政府の間の意思疎通に不具合が生じるため、戦時中は「大本営政府連絡会議」という、大本営（軍）と日本政府（内閣）をブリッジする連絡会議（――戦局が悪化した１９４４年８月には、小磯國昭内閣により「最高戦争指導会議」に発展解消した）が設置されて調整機能の役割を果たしていた。まさに「二重政府状態」だったのが戦前・戦中の日本であった。

しかし図の右側を見ると、日本政府の下に「陸軍大臣」と「海軍大臣」というのがある。これらは何をするのかというと、太平洋戦争開戦当時、陸軍大臣と海軍大臣は日本政府で内務大臣や大蔵大臣、商工大臣、外務大臣、農林大臣らと同様に内閣の一員であったが、実際には陸軍大臣は陸軍の権益の代弁者、海軍大臣は海軍の権益の代弁者に過ぎなかった。かつ大臣は現役の軍人が担当していた（――ただし大正時代には、退役した軍人が担当して内閣に対し軍の発言力が弱まったときもあった）。

つまり大本営が握る統帥権の一部が、日本政府（内閣）にまで侵食しており、戦争が進むにつれて陸軍大臣、海軍大臣の発言力が内閣の中で大きくなっていく。例えば太平洋戦争開戦当時は東条英機内閣だった。東条は総理大臣であったが、陸軍大臣と参謀総長をも兼務していた。よって東条内閣は陸軍の意思がダイレクトに反映される構造となった。大本営と日本政府という二重政府は、実際には現役の軍人が陸・海軍の大臣として内閣に入ることによって、軍の意思がより鮮明に日本政府（内閣）に反映される構造になっていたのである。

また図の左側の方面軍以下の軍組織図は、呼び方に違いはあるが、当時の日本軍以外でも、あるいは現在の軍隊組織でもおおむね同じである。是非本書読解の基本的知識として、この軍組織（および軍と政府）の関係性を頭に入れておいてほしい。

＊—統帥権

戦前・戦中期の日本軍を語る際に必ず登場するのが「統帥権」という言葉である。統帥権とは、軍隊を統制するすべての権限のことを指す。大日本帝国憲法下では、この統帥権は天皇にあるとされた。つまり日本軍は、名目上まさに「天皇の軍隊」であった。しかし、例えば明治天皇や昭和天皇に作戦を立案したり、軍隊の配置を決定したりする具体的な知識はなかった。彼らは軍事的には素人であり、「天皇陛下大元帥」と称されても実際には職業軍人ではなかったからである。

天皇はこのように書類上大元帥とされ、理屈の上では日本軍のすべてを統制できる権限を持っているかに見えた。大日本帝国憲法第4条では、「天皇ハ国ノ元首ニシテ統治権ヲ総攬《そうらん》」すると定められていた。「総攬」するとは、統合して一手に掌握するという意味だが、現実的には軍部が決定した各種の作戦や戦略に対し、天皇は「御名御璽《ぎょめいぎょじ》」の印を押すだけで、名目上の存在に過ぎなかった。

戦前昭和に入ると、このことを指して「天皇機関説（天皇は官僚組織のひとつに過ぎない）」が登場して論争が起こった。天皇は真珠湾攻撃に際し、天皇の名のもとに米英蘭に対し宣戦布告を発したが、実際にアメリカとの戦争の作戦の一切を取り仕切るのは、この統帥権を代理し、実際に行使する大本営にゆだねられていた。大本営は本来、戦時のみに設置される臨時の最高意思決定機関とされたが、日清戦争以降、戦争がなくても常設され、敗戦まで存続した。

つまり天皇は大本営から上奏された作戦を承認する存在に過ぎず、現実的には天皇に代わって統帥権を運用する大本営が戦争遂行における最終意思決定機関であった。これと日本政府は全く別物の存在で、日本政府には統帥権はない。

よって戦前日本には、天皇の統帥権を代理行使する大本営と、行政組織である日本政府という二重の政府が存在し、これら二者が時に反目し、時に連携して戦争遂行の任にあたっていた。大本営の統帥権の代理行使に対し、外部が異議を唱えると「統帥権干犯」とされ、軍部から激しい抵抗に遭い、日本政府は事実上大本営の意向を確実にコントロールすることは難しい状況になっていった。

大日本帝国憲法にはこのように、日本政府から独立した統帥権を名目上の存在に過ぎない天皇に与えたことにより、それを代理行使する大本営（軍部）の増長を招く、という構造的な欠陥が存在していた。日本政府と大本営という二重の意思決定構造が解消されるのは敗戦によってであり、戦後はこの反省として軍（実力組織）は文民（行政）の指揮下に置かれるとなっている。これが現在に続く文民統制である。

ナチス・ドイツにおけるドイツ軍では、最終的にすべての権限をヒトラーが握り、軍の細かい作戦にまで口出しして、部隊の運用にまで指示を出した。ムッソリーニ率いるイタリアも、事実上軍の行動はムッソリーニによって掌握されていたが、日本軍の場合は大本営であった。

これが日本と独伊の軍統治における最大の違いである。このことが、あの戦争における責任の所在をあいまいにさせている。形式上であっても天皇が最高責任者であったのだから昭和天皇に戦争責任があるという論と、天皇は機関に過ぎず実際の統帥権は大本営にあったのだから昭和天皇に戦争責任はない、とする論は、戦後76年を経てもなお日本国民すべてが納得する結論に達していない。

コラム　東京五輪とインパール作戦

２０１３年、アルゼンチンのブエノスアイレスで開かれたＩＯＣ総会でトルコのイスタンブールを破り開催が決定した東京五輪２０２０大会は、２０２０年に入って新型コロナウイルス感染症が猛威を振るう中、開催の見通しが全く立たない状況となる。同年３月24日、安倍晋三前総理大臣とＩＯＣのバッハ会長の電話会談で、大会の１年延期が決定した。

日本政府は続けざまに、コロナ特措法に基づく第１回の緊急事態宣言を発令した（東京都は２０２０年４月７日～５月25日。以下、いずれも東京都への発令状況）。しかし、一旦鎮火したかに見えた感染は秋以降になると再び増加の傾向を見せ、政府は２０２１年１月、第２回の緊急事態宣言を発令した（１月８日～３月21日）。この時、政権はすでに第二次安倍内閣から菅義偉内閣に交代していた。

このころから五輪の開催は危ういと巷間喧伝され始める。４月には第３回の緊急事態宣言が発令されたものの（４月25日～６月20日）、繰り返し出しては引っ込められる緊急事態宣言に国民の感覚は麻痺し、著効とは言えない状況であった。

このような政府方針の迷走と相前後して、東京五輪を太平洋戦争におけるインパール作戦に喩える動きが現れた。ＳＮＳには、#Tokyo インパール２０２０などのハッシュタグが乱舞した。どういうことかと言えば、東京五輪の中止可能性を政府が頑なに考慮しないことが、無謀・無策の代名詞であるインパール作戦にあまりにも似ているというのである。

感染拡大が進む中でも、政府は東京五輪を再度延期したり、中止したりする考え方を絶対採用しなかったが、いよいよ開催が迫ると、感染爆発の傾向は徐々に鮮明となる。

政府は五輪開催直前の7月12日、東京都に第4回の緊急事態宣言を発令したが、デルタ株に変異した新型コロナウイルスは首都圏一帯に猛威を振るう。開催都市が緊急事態宣言下にあるという、前代未聞の東京五輪2020大会が始まったのである。

政府は当初、観客をフルに入れての開催に拘っていたが、のちに「各競技会場における観客収容定員の半分以内で、最大1万人」と方針転換、最終的には、感染爆発と世論に押されて「1都3県は一律無観客」となり、方針は二転三転した。これにより、五輪開催までに販売・予約された観戦チケットはそのほとんどが無効となり、払い戻し措置があわただしく行われた。

五輪開催に距離を置いていた文化人やコメンテーターの間では、「始まってしまったからには仕方がない。ホスト国として五輪を応援しよう」という「手のひら返し」の姿勢が目立ち、状況はますますインパールに酷似した。

結果、東京五輪2020大会で、日本選手団はオリンピック競技では前回（2016年）のリオ大会を上回る史上最多のメダルを獲得、パラリンピック競技でも史上２番目の獲得数で躍進したが、世論は五輪開催中にあっても開催支持と開催反対で真っ二つに割れたままであった。

五輪をめぐる醜聞も世界を驚かせた。エンブレムの盗用問題を皮切りに、東京２０２０組織委員会会長であった森喜朗元総理大臣の女性蔑視発言で同氏が辞任。続いて東京五輪の開閉会式の企画・演出で統括役を務めていたクリエイティブ・ディレクターの佐々木宏氏が、女性の体形を侮辱する企画を提案していたことが発覚して辞任した。

さらには、オリンピックの開会式で約４分間の音楽を提供するはずだったコーネリアスの小山田圭吾氏が、過去の凄惨ないじめ（犯罪）告白が問題となって辞任。続いては開会式の演出を担当する小林賢太郎氏が、ナチス・ドイツによるホロコーストを揶揄した過去のコントが国際的に問題視されてユダヤ人団体からも抗議を受け、こちらは開会式前日に「解任」となった。

東京五輪２０２０大会は開催前からあまりにも問題が多すぎ、どう考えても日本における人権意識の低さ、教養水準の低さを世界にアピールするようなものであった。しかし政府は猪突猛進で、日増しに増加するコロナの新規感染者を無視するように強行開催した。８月８日のオリンピック終了後、全国の感染者数は過去最多を更新し続け、医療崩壊の危機は災害レベルとされた。９月５日のパラリンピック終了時点でも、依然として危機的状況にある。

一度決定したことは、たとえどんな情勢の変化があっても徹頭徹尾貫き、無謀であっても必ず実行する——日本社会におけるこの組織の悪癖が、東京五輪２０２０大会においては至るところに見られた。

こうした一連の動きを無謀の代名詞・インパール作戦と同等であると捉える向きは、なるほどうなずけるというものだ。東京五輪２０２０大会は、「現代のインパール」と呼べるものだったのか。それは後世の歴史家が判断するところではあるが、その疑いは濃い。

「五輪を開催さえしてしまえば政権の支持率は上がる」と大見得を切った菅内閣の目論見は外れ、開催直前に行われた東京都議会議員選挙で自民党は目標としていた「自公で（都議会の）過半数」にまるで到達せず伸び悩む。内閣支持率が低落する中、菅総理大臣の地元・横浜市長選でも自民党は大敗、菅総理は窮地に追い込まれ、総選挙を迎えることなく退任を表明した（２０２１年９月）。コロナ対策において無能・無策だったにもかかわらず、東京五輪を強行したことへの怨嗟が、国民の皮膚感覚として表れた証左だ。

インパール作戦の失敗によって、日本の戦局は「取り返しのつかない段階」に至り、結果として大日本帝国は崩壊した。東京五輪が第二のインパールとなり、コロナの感染拡大とその影響が取り返しのつかない事態に陥ったら、その責任は一体誰が取るというのだろうか。その「誰か」は、歴史の法廷に立つ覚悟はあるのだろうか。

日本はまたも同じ過ちを繰り返すのか。歴史から反省しない社会や民族に、未来はない。

第二部 沖縄戦

——八原博通の「戦略持久」

八原博通（一九〇二—一九八一）

わが軍の前途は自信満々である。
落胆悲観する理由は存在しない。

——八原博通『沖縄決戦』

沖縄本島を県外から訪れる旅行者がまず99%降り立つのは那覇空港である。沖縄本島は南北にその長さ１３５キロ、幅は最太部でも28キロに過ぎない細長い島である。県が誇る最大の観光施設のひとつである沖縄美《ちゅ》ら海《うみ》水族館は本島北西部の本部町《もとぶちょう》にあり、ヤンバルクイナを有する原始林は最北端の国頭村《くにがみそん》にある。総延長約57キロを誇る県唯一の高速道路、沖縄自動車道は那覇を起点とし、北部の名護を終点とする。

事程左様に、那覇空港に降り立った観光客はレンタカーを借りると、沖縄県の細長い南北を移動することになるわけだが、存外この南北ルートだけを利用すると沖縄本島は実に平坦な地形であるとの印象を強くする場合もあるだろう。

しかし、沖縄本島を南北ではなく東西に移動した経験のある旅行者は、特にその南部、例えば那覇市の目抜き通りである国際通りがある久茂地から首里を経由して太平洋側の西原町や与那原町までに至る、直線で言うとたかだか10キロ強の道のりが、実に高低に富んだ、時として急峻な崖すらも有する複雑な丘陵地帯であることを実感できる。沖縄本島は、単純な南北移動ではまるで平坦に思えるが、東西移動をするとそこが複雑な高低を有する特有の地形であることが判明するのだ。

この沖縄本島南部の複雑な丘陵地帯を天然の陣地として、１９４５年4月1日から始まる沖縄戦において、日本軍がこの地域一帯に一大防衛線を築いたのだった。所謂「首里防衛線（首里ライン）」である。

第二部では、軍民合わせて20万人が凄絶な死を遂げたこの沖縄戦の主要戦線である沖縄南部の丘陵地帯において、無限とも思える米軍と実に1カ月、互角の戦いを行った日本軍第32軍司令部の唯一の生き残りにして、中央・大本営の理不尽な要請をはねのけ、徹底的な持久戦展開の陣頭指揮を執った日本陸軍の高級参謀・八原博通大佐の不屈の戦いの軌跡を追う。

沖縄戦までの道のり

「米英恐れるに足らず」

沖縄戦を単独で語ることは、太平洋戦争の俯瞰的理解をするにあたりあまりにも局所的かつ部分的であり適当ではない。そこでやや長くなるが、沖縄がなぜ凄絶な戦場となったのか。そこまでの道のりを解説する。戦史に詳しい読者はこちらは読み飛ばしていただき、一気にＰ１７５に飛んでしまってもかまわない。

Ｐ１３５の表からも分かるように、日本とアメリカが戦争を始めたとき、その国力差はＧＤ

Pにして5倍以上であった。しかし太平洋戦争開始から約半年間、日本軍はこのアメリカとの国力差をものともせず、「南方作戦」での成功を筆頭に、各地で連合軍に対して連戦連勝を重ねた。

　南方資源地帯の占領は大本営の想定よりも迅速に成功し、日本海軍機動部隊（南雲艦隊）はインド洋にまで進出してイギリス海軍艦隊を攻撃し、軽空母（ハーミーズ）を撃沈している。それまでの南方資源地帯を占領した段階で持久戦態勢に入る、という大本営の方針はすぐさま転換され、中部太平洋からニューギニアに至る、広大な土地を占領することに、わずか半年足らずで成功したのである。

　なぜか。第一に、アメリカ側が日本の参戦可能性を疑い、戦争にはならないと楽観視していた節があったこと。そして万が一日本が参戦しても、その攻撃目標は真珠湾ではなくフィリピンだろうと想定して、兵力配備を誤ったこと（――しかしそれでも、フィリピンの防衛体制は不足していた）。

　また南方作戦の目標となったマレー、ビルマ、北ボルネオ等には英軍、蘭印（インドネシア）にはオランダ軍等が駐留していたが、実際には本国から遠く離れた植民地軍で実戦経験を積んでおらず、その中には少なくない数の現地人が存在していたため、指揮が混乱し、加えて兵士の士気も低かったこと。なにより１９４１年12月の真珠湾奇襲の段階で、太平洋地域で稼働できる航空兵力について日本軍が優勢であったこと、などがあげられる。

　日本は１９３１年の満州事変を経て１９３７年の日中戦争本格開始以降、ずっと中国大陸で戦争を繰り返してきた。日本陸軍の主力小火器は世に言う「三八式歩兵銃」という、５発内蔵で１発撃つごとにレバーを操作して弾を込める、というボトルアクション式小銃であった。戦争初期はこの銃でもどうにかなったが、戦争が進むにつれ連合軍の兵士は機関銃を標準装備するようになり、圧倒的な火力に対し太刀打ちできなくなる。だが日本軍は、この戦争で最後の最後まで「三八式歩兵銃」を使い続けた。

　１９３１年から始まる日本の中国での戦線拡大では、この「三八式歩兵銃」の先に銃剣を付け、突撃ラッパの合図で中国軍（国民党軍など）に対し積極攻撃が行われた。もちろん背後からは軽機関銃や軽戦車等の支援もあったが、戦局が進んでも日本軍は中国戦線にはこの戦法で臨んだ。

　ところが相手方の中国軍は、このような日本軍の「古典的戦法」にすら太刀打ちできないほどの有様だった。中国国民党は内部で権力闘争があり、極端な腐敗が横行し、近代的な軍隊としての体をようやく保っていたに過ぎなかった。国民党は、日中戦争に際して米英やソ連から受け取った虎の子の物資を有効に使わず、懐に入れて私腹を肥やしている場合があり、まさに「国家総力戦」とは反対のことをやっていたのである。

沖縄戦前の太平洋戦線

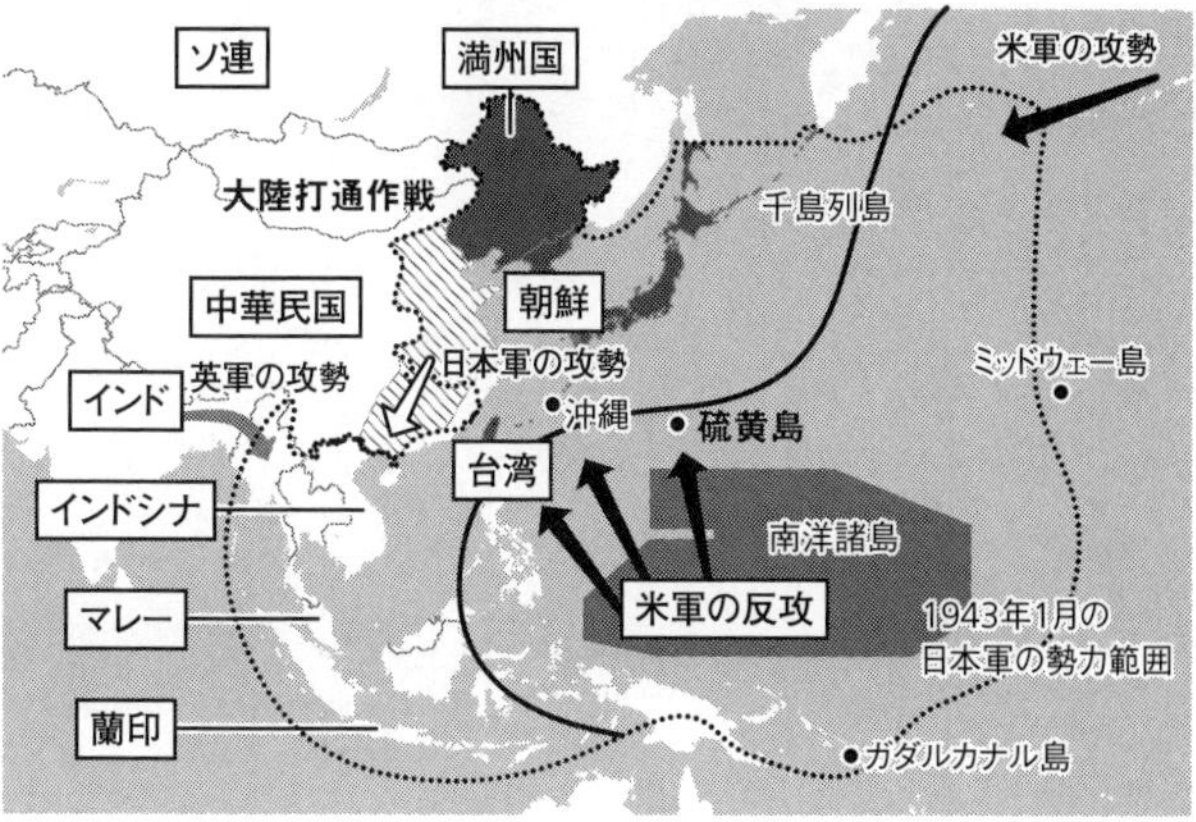

沖縄戦前の欧州戦線

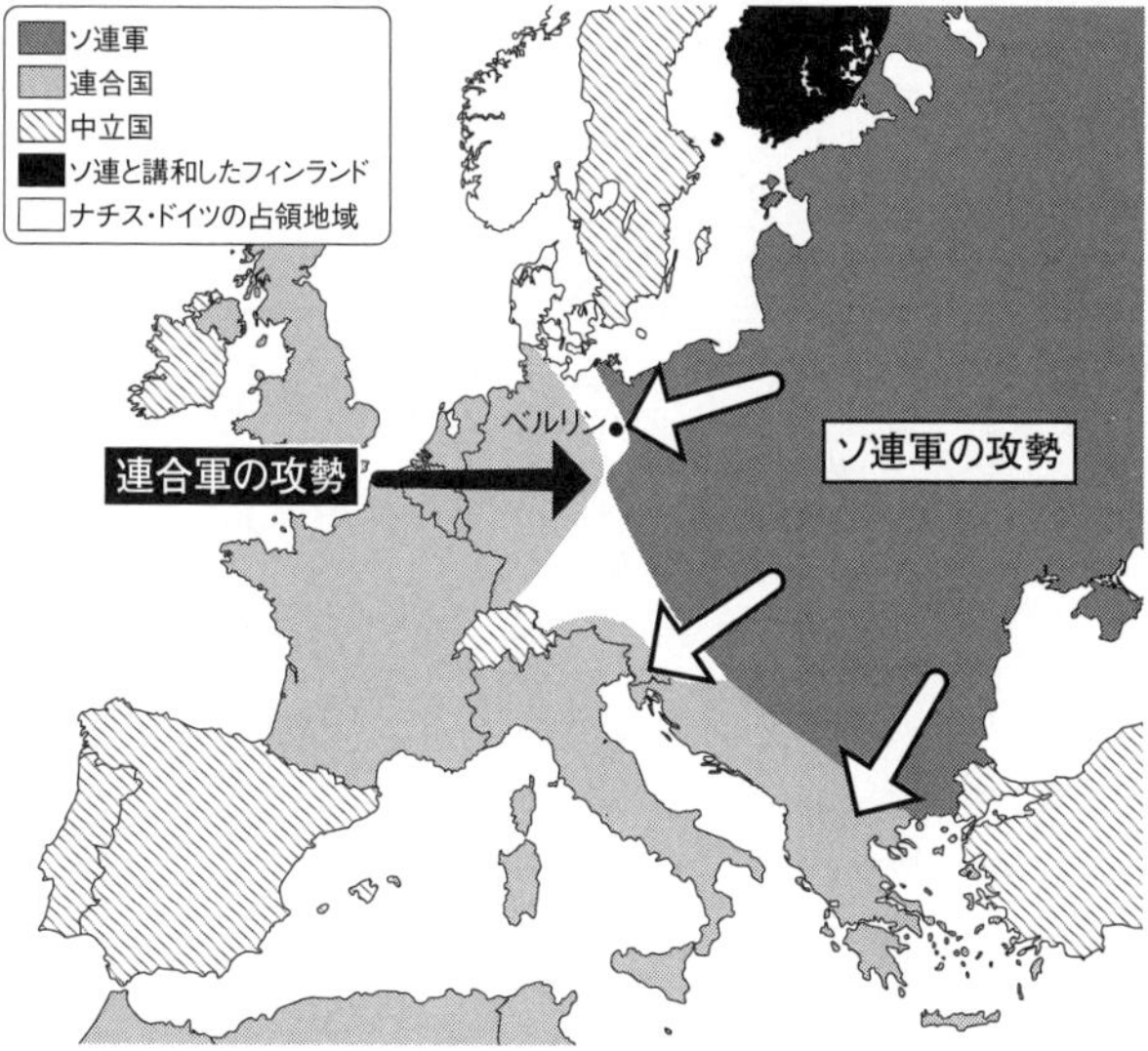

だから中国軍は、日本軍のこの「古典的戦法」に恐れをなして、日本兵の銃剣突撃が開始されると武器を捨ててちりぢりに逃げた。遂には首都南京を放棄し（１９３７年）、山岳奥地の重慶に立てこもった。

このような実戦経験と成功体験を１９３１年から積んできた日本軍が、その10年後、アメリカ、イギリスを相手に同じような戦法が使えると高をくくったのは言うまでもない。実際前述のように、南方作戦におけるマレーの英軍や蘭印のオランダ軍等は、その性能こそ部分的に日本を凌駕する小火器を有していたが、士気の高い日本軍の猛攻に押されてあえなく降伏し捕虜になった。日中戦争に続き、太平洋戦争緒戦での連合軍に対する連勝が、大本営や牟田口をして日本軍に「米英恐れるに足らず」という取り返しのつかない侮りと誤解を与えたのである。

次々と玉砕

しかし１９４２年8月のガダルカナルをめぐる攻防戦を端緒に、米軍の本格的反撃が始まると、繰り返しになるが日本とアメリカの国力差は5倍以上あったのだから、圧倒的な物量で日本はたちまち押される格好となった。１９４３年に入ると欧州戦線でも本格的な連合軍の反撃が行われ、同年9月には枢軸の一角であったイタリアが降伏した。イギリス本土占領をあきらめたヒトラーがソ連と始めた独ソ戦も、１９４３年2月にはスターリングラードでドイツ軍の約30万人が捕虜（——彼らはその後、ソ連軍により強制労働に従事させられ、戦後ドイツに帰還できたのはわずか数万人であった）となって壊滅し、いよいよ枢軸不利の状況が確定する。

１９４４年に入ると、米軍の対日反撃はいよいよ熾烈になった。米軍はガダルカナルを起点として、島伝いに北上し日本本土を目指す、という戦略を採用した（蛙飛び作戦）。

その結果、１９４４年７月にはマリアナ諸島のサイパン島が陥落し、南雲忠一中将率いる２万の日本軍守備隊が玉砕、日本人住民も道連れにした凄惨な戦闘になった。サイパン島は「絶対国防圏」と呼ばれ（１９４３年９月策定）、大本営が戦争遂行のため、最低限度死守しなければならない占領地の要衝とされたが、そこを失陥《しっかん》したため、日米開戦以来、日本の戦争指導のトップに君臨してきた東条英機内閣は責任を取って総辞職し、代わって小磯國昭が総理大臣になった。

１９４２年のガダルカナルの戦い以降、日本軍はほぼ一貫して自軍が劣勢にもかかわらず、圧倒的物量を誇る米軍に対し積極攻撃を行った。それは米軍の戦力や性質を過小評価した判断をもとにしていたが、ガダルカナルでは小出しに三次にわたって総攻撃を行い、すべてがことごとく失敗した。

１９４４年７月のサイパン島の戦いでは、大本営はとにかく「水際撃退」に拘った。「水際撃退」とは、海岸沿いに米軍の上陸部隊が見えたらこれを積極的に砲撃して、米軍が上陸する

サイパン島で現在も野外展示されている日本陸軍の九五式軽戦車(*)

前に敵兵力を粉砕するという方針である。まさに読んで字の如く「水際」である。一見、合理的に見える戦法だが、これには大きな矛盾が存在した。

敵の上陸艇を発見してそれを狙撃するとする。もしかしたら一時的には米軍に損害を与えられるかもしれないが、自軍の射撃地点は丸見えになる。つまり、敵を先制攻撃するということは、自軍の位置を敵軍に知らせるということと同じなのである。相手が劣勢ならば、こういった戦法も確かに効果があるかもしれない。しかし、ガダルカナルの反攻以降、圧倒的物量を以て攻勢を強める米軍からすれば、日本軍が最初に射撃してくれれば勝ちも同然である。直後にその地点を猛烈な艦砲射撃や航空爆撃で沈黙させることができるからだ。

こうした「常識」を顧みないで、当時の大本営は「敵米鬼を粉砕せよ」と現場に積極攻撃を命じた。これをそのまま信じた日本軍は、米軍のボートが見えた途端に砲撃するが、すぐに総攻撃を喰らって壊滅した。現代の自走砲やミサイル発射台は、攻撃した後すぐに移動することができるが、当時の野戦砲は、基本的に1カ所に固定して運用しなければならないから、先制攻撃こそ死を招くのである。こうした事実をものともせず、精神論だけで米軍を水際で撃退しようとして大失敗したのが、サイパン島の悲劇だった。

現在、観光地として名高いサイパンにおける通称「バンザイクリフ」は、日本軍が「水際撃退」に拘った結果生じた民間人（米軍への投降を拒否して、この地で投身自殺した）をも巻き込んだ最大の悲劇の象徴のひとつであった。

サイパンを含む南洋諸島は、第一次大戦までドイツ領だったが、ドイツの敗北によって日本（当時国際連盟常任理事国）の信託統治領となった。そこで日本は南洋諸島のパラオ諸島・コロールに南洋庁を設置し、その開発と防衛を進めたが、太平洋戦争が始まり、この地域──つまりマリアナ諸島──に米軍反攻の手が伸びると、「水際撃退」に拘って、防御側が最もやってはいけない禁忌の作戦を忠実に実行して、日本の統治以降サイパンに植民した日本の民間人までも巻き添えにした壮絶な玉砕戦と相成ったのである。

サイパンを陥落させた米軍は、同島のすぐ南にあるテニアンにも大規模な飛行場を整備し、グアム・サイパン・テニアンの3島に戦略爆撃機B－29を配備して即座に日本本土空襲に入った。実際には、日本本土へのB－29による空襲はサイパン占領前から、中国奥地にある成都基地を発着地として行われていたが、航続距離の関係で日本全域は射程に入らず、空襲ができる日本支配下の地域はせいぜい満州（鞍山製鉄所を目標とした）・朝鮮・北九州であった。よってサイパンの占領は、東条英機内閣が責任を取って総辞職するほど衝撃的な出来事であったのである。

　サイパン島の失陥は１９４４年７月だった（ちょうどこの時期にインパール作戦が中止されている）。同じころ、１９４４年６月には欧州戦線で連合軍がドイツ占領中のフランス・ノルマンディーに上陸を成功させ、欧州で第二戦線が開いた[*1]。すでに１９４３年の段階でイタリアが降伏しており、枢軸の劣勢は確定的であったが、ドイツ軍はドイツ本国に精強な機甲師団をいまだ温存しており、また日本軍も中国大陸に２００万の陸軍を有し、日本本土での決戦計画（本土決戦）を企図していた。

　米軍の目論見としては、サイパン島を起点に日本本土をＢ－29で空襲して、その軍需生産拠点を壊滅させることが第一であったが、その場合、サイパン島（テニアン）から日本本土まで片道約２２００キロある。現代の航空機技術なら２２００キロを無着陸で飛ぶことはたやすいが、当時の技術でなおかつ戦時である。日本軍の迎撃による損耗や機体の故障を加味してサイパンと日本本土の中間地点にどうしても中継基地が必要であった。また、そこに航空基地を整備すれば、Ｂ－29を護衛する護衛戦闘機の活用も期待できた。

そこでマリアナ諸島における攻略の次点として選ばれたのが硫黄島である。１９４５年２月、米軍は正面兵力11万で以て硫黄島に上陸した。

硫黄島の戦いは、日本陸海軍の２万の兵力で守備隊が構築されていたが、米軍は硫黄島攻略の前、１９４４年10月にフィリピン・レイテ島に上陸し、日本軍を粉砕して１９４５年３月にはマニラを奪還した。

すでに触れた通り、フィリピンは１９３５年の段階でアメリカ議会が「10年後の独立」を約束し、同地にはマニュエル・ケソン率いるフィリピン・コモンウェルス（フィリピン独立準備政府）が誕生していた。日本軍は太平洋戦争の大義として「東亜の解放」を旗印にしていたが、日本軍が「解放」する以前に、フィリピンはアメリカからの独立を約束されていたので、フィリピン住民は日本の戦争大義に懐疑的であった。

加えて１８９８年の米西戦争以来、アメリカによって自由と民主主義の価値観が植え付けられ、また教会、学校、道路、鉄道、電信設備などのインフラが拡充されており、特にマニラは美観を誇り「東洋の真珠」とまで謳われるほどで、その所得は部分的に日本より高く豊かさを謳歌し、日系移民がフィリピン南部のダバオにコロニーを作るほどであった。

なによりフィリピンは、16世紀以降、スペインによる統治で敬虔なカトリック教徒が多数を占め、天皇を中心とした日本の「八紘一宇」の価値観とは相いれないものがあった。よって１

旧市街の建物には今もマニラ市街戦の砲弾跡が残る（＊）

９４４年10月、米軍がレイテ島に上陸すると、従前から活動していた抗日ゲリラが日本軍の通信線や補給網を寸断し、進んで米軍の作戦に協力した。

本間雅晴中将率いるフィリピン守備隊は、フィリピン住民のゲリラと米軍という二者を相手に戦わざるを得なくなり、最後の拠点であるマニラで大規模な市街戦を繰り広げた挙句、実に50万人もの死者を出してフィリピンは米軍によって奪還された。[*2] このフィリピンの戦いが一応終わったのが１９４５年３月である。硫黄島に米軍が上陸したのは同年２月だから、いよいよ太平洋戦争も終盤の局面に入っている。

フィリピンは地図を見れば分かるが、マレー・インドネシアと日本本土を結ぶ中間地点にあり、ここを米軍に占領されると日本と南方の連絡が本格的に途絶える。よって日本陸海軍はフィリピンを「大東亜戦争の天王山（小磯國昭首相談）」として、当時持てる陸上兵力、海上兵力、稼働航空兵力のほとんどを投入したが無残な敗北に終わった。ちなみに超弩級戦艦大和の二番艦である戦艦武蔵が米軍の攻撃によって撃沈したのもこのフィリピン作戦である。こうしたフィリピン作戦の無残な敗北が最終確定するかどうかの段階で行われたのが硫黄島の戦いであった。

前述した通り、硫黄島はB－29の経由地として必要不可欠であったが、日本陸軍守備隊の司令官・栗林忠道中将はサイパン島で行われた日本軍の「水際撃退」が失敗に終わると、それを反省して「水際撃退」を放棄し、持久戦を展開させる方針を採った。

硫黄島は元来不毛の地で、特に飲料水が恒常的に不足し、陣地を作るため掘削しなければならない岩盤は掘削に適さない硬いものであった。栗林中将はこのような欠点を早期に見抜き、狭い硫黄島の地下に人海戦術で何とか洞窟陣地を張り巡らせ、たとえ米軍の上陸部隊が海岸に現れても、かえって自軍の位置を知らせるだけであると早期射撃を禁止し、米軍を島の奥地に誘引してから一撃を加えるという方針を徹底した。

この結果、米軍の硫黄島攻略は当初予想もしなかった約2カ月に及び、アメリカ側戦死者は約7000人、戦傷者2万人という大打撃を被ることになる。だが、物量に任せた米軍は熾烈な攻略の手を緩めず、結果、栗林忠道陸軍中将、市丸利之助海軍少将率いる2万の硫黄島守備隊はほぼ全員玉砕した。捕虜として生き残ったのはわずか百数十人であった。

このような硫黄島の凄惨な戦いは、最近ではクリント・イーストウッド監督の『硫黄島からの手紙』(2006年)などに詳しく、太平洋戦争最大の激戦のひとつとして繰り返し映像化されている。

台湾ルートと沖縄ルート

さてフィリピン・硫黄島を攻略したアメリカとしては、ドイツ必敗の状況で残る枢軸日本をどのように攻略するのか、その攻略ルートの方針が割れた。ひとつは、B-29を使用した日本本土空襲を徹底する一方で、日本の統治下にあった台湾に上陸し、同地を占領したのち、蔣介石率いる中国国民党を支援するために日本軍占領中の広州・福建あたりに上陸するという台湾ルート。もうひとつは沖縄に上陸し同地を占領したのち、そこを橋頭堡《きようとうほ》に本格的に日本本土攻略を狙っていく沖縄ルートである。

台湾ルートが立案されたのは、蔣介石の対日戦争での苦戦のためだった。これは連合国にとっては想定外だった。蔣介石はビルマ・インド方面からの援蔣ルートによって潤沢な物資や武器の補給を受けているにもかかわらず、腐敗が主要因で軍の近代化が遅れ、本格的な日本軍との決戦を嫌い、奥地である重慶に立てこもったままであった。それどころか、太平洋地域での日本軍の連戦連敗にもかかわらず、日本軍が1944年4月から実施した通称「大陸打通作戦」に対し有効な対処ができないままであった。

大陸打通作戦とは、日本陸軍が動員兵力約１００万を以て中国国民党に対し大攻勢をかけた作戦の通称であり、米軍の通商破壊やフィリピンの失陥によって日本本土と南方地域との連絡が途切れる代わりに、朝鮮・満州・北京から日本占領中の仏印（インドシナ）までを一挙に陸地伝いに一本ルートで占領しようという気宇壮大な計画である。

当時蔣介石の国民党は、重慶に立てこもってはいたが、内陸の重要拠点である長沙、桂林、衡陽などを依然支配下に収めており、日本軍との虫食い状態の勢力地図が広がっていた。日本軍はこれらの内陸拠点を占領することにより、蔣介石を圧迫し、南方の占領地帯までを陸路で貫通（打通）させるという目論見を企てた。結果、中国側の抵抗はあったが、決戦を嫌った国民党は日本軍の作戦行動を防ぐことはできず、名目上、大陸打通作戦は日本側の成功に終わった（——ただし、肝心の南方からの資源輸送や部隊の転用は抗日ゲリラの影響や制空権の喪失によりほとんど達成できなかった）。

こうなってくると、最悪の場合蔣介石率いる中国国民党が窮地に立たされ、日本と単独講和することもあり得る。そうなっては枢軸瓦解が明確になりつつあるこの時期、連合国にとっては国民党の脱落という最悪のパターンが現出しかねない。これを防ぐため米軍は台湾を攻略し、中国南部に上陸して蒋介石を支援するという台湾ルートを立案するが、台湾島は面積が大きく、硫黄島での苦戦の経験もあり、米軍の損害が大きいとされ計画は放棄された。そのため、最終的に決定されたのが沖縄ルートであった。ここに沖縄での地上戦が確定的となった。

しかし当時、米軍が台湾に上陸するか沖縄に上陸するか、というのは大本営にとっては全く未知数であった。私たちは歴史を後から見ているので、沖縄戦は既定の事実であると知っているが、当時の軍部は、米軍の攻略先を台湾とも、沖縄とも、あるいはその両方ともはかりかねていた。

１９４５年3月になると、ナチス・ドイツは東側からソ連、西側から米英仏に攻められ、いよいよベルリン陥落も時間の問題となってきた。長きにわたった欧州での戦いも、ナチスの敗北という終局が秒読みとなった。大本営と日本政府は、いよいよ日本本土決戦の準備に邁進する。

慎重な米軍は、日本軍に攻略先を悟らせないために、台湾に対しても、沖縄に対しても執拗な空襲を行っている。まず台湾南部の高雄（日本海軍の拠点）に対し艦載機での空襲。１９４４年10月には、那覇市に対して艦載機攻撃を仕掛け、那覇市は廃墟となった（10・10空襲）。この空襲の前から、沖縄県では沖縄が戦場になることを想定して県民の内地避難が行われていたが、1944年8月に疎開船対馬丸が米潜水艦ボーフィンによって撃沈される（対馬丸事件）と、疎開はむしろ危険行為という噂が広がり、県民の内地避難は一旦停滞してしまった。

沖縄遂に侵攻さる

沖縄戦直前の状況

さて、時間を少しさかのぼると、当時、どちらにせよ台湾・沖縄方面が決戦場になる可能性は濃厚であったので、大本営は沖縄防衛のために第32軍を1944年3月に編成し、その隷下に第9師団、第24師団、第28師団、第62師団の4個師団と、5個旅団を増強配置して、米軍の空襲のさなか、陣地構築に邁進することになった。第32軍の司令官は牛島満中将、司令部には参謀長として長勇《ちょういさむ》少将（のちに中将）、高級参謀として東京から八原博通大佐を招いた。

参謀とは当然のことながら作戦全般の推移に際して司令官に意見具申する最高意思決定機関のメンバーであり、参謀長は複数いる参謀の頂点にあたる。高級参謀とは、東京の大本営から選りすぐりのエリートに特別にあてたポストで、参謀の中でも特別に位が高く強い発言力を持つ。第32軍は、沖縄での決戦を想定して構成されたが、その上位組織は台湾（台北）にある台湾方面軍（第10方面軍）で、名目上は第32軍自体が台湾方面軍の隷下にある、という構造であ

沖縄戦時の戦局

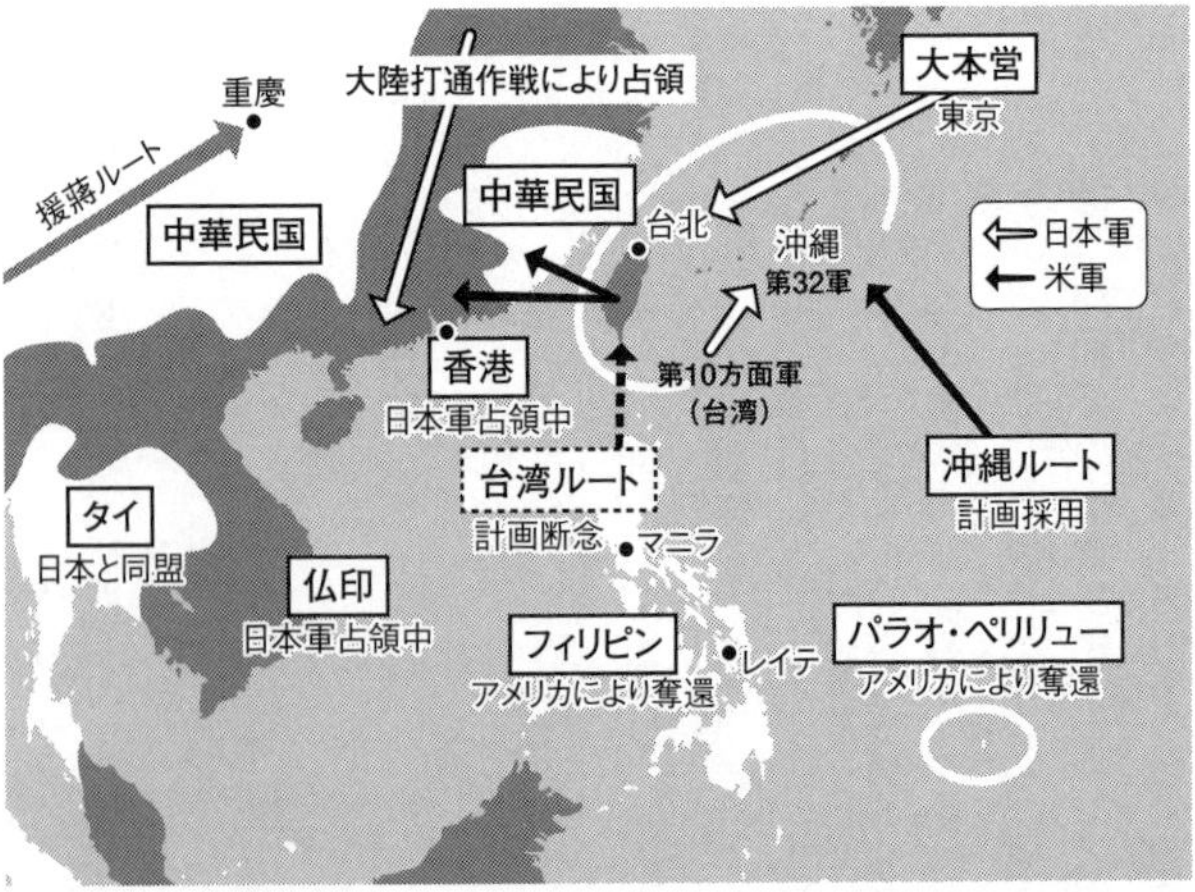

る。ちなみに台湾方面軍は台湾本島、沖縄本島、先島諸島、奄美の防衛を担当することとなっていた。

沖縄戦時の日本軍の指揮系統は以下のようになっていた。

大本営―台湾方面軍（第10方面軍）―第32軍―第９師団（転出）、第24師団、第28師団、第62師団、その他５個旅団

第９師団の移動

すでに述べた通り、１９４４年10月に米軍がフィリピンのレイテ島に上陸して、日本軍が圧倒的な米軍の火力の前に敗れ、翌１９４５年３月にマニラが陥落する状況の中、フィリピンのすぐ北隣に駐留する台湾方面軍もフィリピン作戦の大きな影響を受けた。フィリピンでの決戦

のため、台湾方面軍はフィリピン方面への一部兵力転出を命じられたので、台湾本島を守る兵力が少なくなってしまった。そこで台湾方面軍は、当初第32軍に与えられていた第9師団を、台湾防衛のために沖縄から台湾に移動させる命令を下した。

　繰り返しになるが、当時の軍部は、米軍の上陸先を台湾とも、沖縄とも、またその両方ともつかみ切れていなかったためであった。第32軍の隷下として当初沖縄に展開していた第9師団は、装備も兵質も高い精鋭師団であり、沖縄での対米決戦における防衛の主力となることが期待されたが、台湾方面軍の命令で沖縄から台湾に配置替えとなった。

　すると、当初4個師団で編成されていた第32軍は3個師団となり、単純計算で兵力が25％も減少することになる。これでは沖縄防衛はおぼつかないとして、第32軍司令部は空路台北に赴き、直接台湾方面軍に抗議をした。その結果、沖縄から転出した第9師団の穴埋めとして、姫路に駐留する第84師団の代替配置が決定され、第32軍は大いに安堵したが、結局姫路の第84師団が沖縄に到着することはなかった。

　この理由はひとえに、東京の大本営が本土決戦のために兵力の沖縄転用を渋ったことである。さらに加えてよしんば第84師団が沖縄に転用されても、輸送途中で輸送船が撃沈されては兵力の無駄である。このような深慮遠謀から、「第9師団の代わりに第84師団をあてがう」という約束は一方的に、理不尽にも反故にされた。この措置が戦後、「沖縄は本土決戦の捨て石にされた」とされる大きな要因のひとつである。論争は様々あるが、この事実だけを捉えれば、「捨て石にされた」論は正しい。東京の大本営は、手持ちの3個師団と5個旅団のみで米軍と戦え（増援部隊なし）と、第32軍に指令したに等しいのである。

こうして第32軍は、米軍上陸前から、理不尽にも兵力を4分の3に減らされた制約の中で無尽蔵の物量を誇る米軍との決戦を強いられた。当然のことながら、現場の第32軍司令部はこの理不尽な東京からの命令に強い不満を持ったが、上からの命令が絶対である軍組織において、下部の現場がこの決定を覆すことはできなかった。こうして、沖縄戦は開始されたのである。

「戦略持久」への転換

沖縄は南北に135キロと長いが、東西には狭隘部で数キロと短い。日本軍は、サイパンでの玉砕後、奮戦したがこれまた硫黄島で玉砕。2つとも狭い島の中で繰り広げられた戦いであった。沖縄は、サイパンや硫黄島に比して広大であり、その分日本軍が自由に使える土地が広く、裁量も大きい。1944年3月、来るべき沖縄での戦いを念頭に置いて東京から那覇に着任した八原博通大佐は、沖縄での米軍撃滅に強い自信を持っていた。

というのも、無限に思える物量を誇る米軍でも、沖縄に上陸し、日本軍と戦闘を交えることができる戦線での部隊の数は無限ではない。いくら米軍が兵力を投じようとも、戦線の長さには限界があり、米軍の張り付けられる兵力は限られているからである。

対して日本軍は地の利を生かし、絶海の孤島であったサイパンや硫黄島とは違って、島内からの水や食料の補給も十分にできる。沖縄に派遣された第9師団の存在は、八原大佐ら第32軍司令部に、米軍撃退への期待を抱かせるに十分であった。もともと第9師団は満州に配置されていた師団で、ソ連への警戒のために重火器を多数装備し、そのため目立った定員の欠損もなく、兵士の士気も高い。第32軍はこの第9師団を米軍攻撃の主軸として作戦を立てたが、前述の通り第9師団が台湾に転出され、「姫路の第84師団を代わりに派遣する」という約束も反故にされた段階になると、さすがに八原の自信もおぼつかないものとなった。

さらに、米軍の沖縄上陸に際して期待していた本土（九州方面）からの打撃力の中心となる航空機支援も、１９４５年の段階になるとフィリピン作戦での無残な敗北と、本土決戦のために温存するという東京の大本営の姿勢がますます鮮明になり、あまり期待できない状況となった。

そこで八原大佐をはじめとした第32軍は、サイパンで展開された「水際撃退」を放棄し、米軍の上陸にはほぼ無視を貫き、奥地に誘引してから撃退するという方針に大きく転換した。これを軍事用語で「戦略持久」と呼ぶ。これは前述した硫黄島における栗林忠道中将らの水際撃退放棄と持久戦での成功（結果として守備隊は全滅したが）を参考にしたものであった。

入念な下準備

首里防衛線計画

１９４４年10月10日に米軍艦載機によって那覇が大空襲（10・10空襲）を受けると、いよいよ第32軍は沖縄本島での陣地構築に邁進する。陣地構築は、沖縄南部の首里を拠点として行われたものである（首里防衛線）。なぜこの地が選定されたかというと、その地形が現在でも明瞭なように、東西に複雑な高低差を持った丘陵地帯で、攻めにくく守りやすいという地理的アドバンテージを有していたからである。

首里防衛線計画は、ここを第32軍の司令部として地下司令部を築き、延べ数十キロにわたって地下要塞を建設するという壮大なもので、本来は第9師団を含めた軍人・軍属がその陣地構築にあたるはずであったが、第9師団がいなくなったため慢性的な人手不足となり、第32軍は沖縄の民間人にも義勇的協力を求め、岩盤を砕き、地面を掘削して首里の地下に一大陣地を作った。この要塞陣地構築の様子は、当時鉄血勤皇隊として召集されて掘削に従事し、戦後沖縄県知事になる大田昌秀氏の回顧に詳しい。

軍司令部の壕は、米軍上陸数カ月も前から、私たちが軍と協力して、文字どおり不眠不休の作業で完成した素晴らしい洞窟陣地だった。それは首里城の最も厚い岩盤の下を三十尺（筆者注　約9メートル）も深く潜り、坑道は網の目のように縦横に走っていた。壕の内部は幅約四メートル、高さ二メートル余、全坑道の延長は二千メートルにもなんなんとするもので、両側には袋部屋が幾つも並んでいた。壕の内部は到る所頑強な松板で壁がはられ、丸太のままの支柱が一間（筆者注　約1・8メートル）おき位の間隔で立ち、洞窟戦闘指揮所としてはまさに鉄壁のものだった。（『鉄血勤皇隊』P19－20）

当時の沖縄県知事（戦前の県知事は公選制ではなく中央政府が任命）である内務省出身の泉《いずみ》守紀《しゅき》は、県内各地で軍への協力を求める演説を行い、県を挙げて軍に協力する姿勢を鮮明にした。

この軍への民間人の協力は、「軍民一体」の掛け声のもとに推し進められたが、現代的価値観からすれば軍の指示で岩盤掘削や物資運搬の仕事をさせられたのではたまったものではない。しかし当時の沖縄県民は、「皇軍不敗」という政府と大本営のスローガンを信じ、軍に対して積極的に協力した。

もともと沖縄県は江戸時代、幕藩体制下で薩摩藩（島津氏）の間接支配を受けつつ琉球王国として独立国の体裁を取っていたが、明治国家体制のもと日本に編入され、一旦琉球藩になったのち沖縄県になった（琉球処分）。しかし日清戦争で日本が清朝に勝ち、台湾を領有する（１８９５年）と、沖縄を飛び越す形で台湾総督府のもと台湾開発が優先され、沖縄のインフラ整備は遅れがちになった。

日本列島の外縁部として古くは薩摩の支配を受け、明治国家体制になっても「第二級県」としての扱いを受け続けた沖縄は、それがゆえに「祖国に貢献する」という逆説的な愛国心が強く、この泉による沖縄県の軍協力という強い姿勢は、こうした沖縄県民の愛国心を逆手に取ったものとも言える。加えて１９４４年8月に疎開船対馬丸が撃沈されると、内地への疎開は危険という噂が流れ沖縄から内地への避難は停滞し、沖縄県には労働力として使える青年層が残った。

こうした沖縄県の事情は、幸か不幸か第9師団を失った第32軍には人的資源としてはプラスに働いた。首里を中心とした第32軍の陣地構築は、出水や岩盤崩落などが起こる難工事ではあったが、米軍上陸前にはほとんど完成した。しかしこれだけ「軍への協力」「軍民一体」を唱えた沖縄県知事の泉は、１９４５年1月、いよいよフィリピン作戦の失敗が明白となり、次は沖縄か台湾かという局面に際して、突然香川県知事に転任して沖縄を去ってしまう。戦後、泉のこの行為は「沖縄を見捨てた」と非難された。実際の胸中は不明だが、当たらずも遠からずといったところであろう。泉の代わりに赴任したのは島田叡《しまだあきら》で、島田は「沖縄赴任を命じられた当初から死を覚悟していた」と言い、結局最期まで軍と運命を共にすることとなる。

米軍上陸

さて米軍は入念な空襲と艦砲射撃ののち、１９４５年３月末、沖縄本島の南西すぐ隣にある慶良間諸島を攻略し（ここには日本軍の特殊潜水艇の基地があり、米軍を恐れた住民による集団自決が起こった）、間髪をいれず１９４５年４月１日未明、沖縄県の最も狭隘部である嘉手納北方の読谷（現・沖縄県中頭郡読谷村渡具知）に正面兵力20万、予備を含めると50万の大兵力で以て上陸した。

私は是非米軍上陸の地点を眺めてみたいと思い、レンタカーを借りて那覇から読谷に向かった。現在、渡具知浜は読谷村立の海岸公園（泊城公園）になっており、砂粒が綺麗なビーチと、高台部分には売店、駐車場、ジャングルジム、公共トイレ、自販機、遊歩道等が設置され、海岸沿いには夏場にＢＢＱをする設備まで完備されている。砂浜は地元住民の犬の散歩ルートになっているらしく、リードをつけた大型犬が複数闊歩していた。公園の裏手は住宅地となっている。そこには墓地もあり、大量の野良猫が繁殖していた。

沖縄戦略図

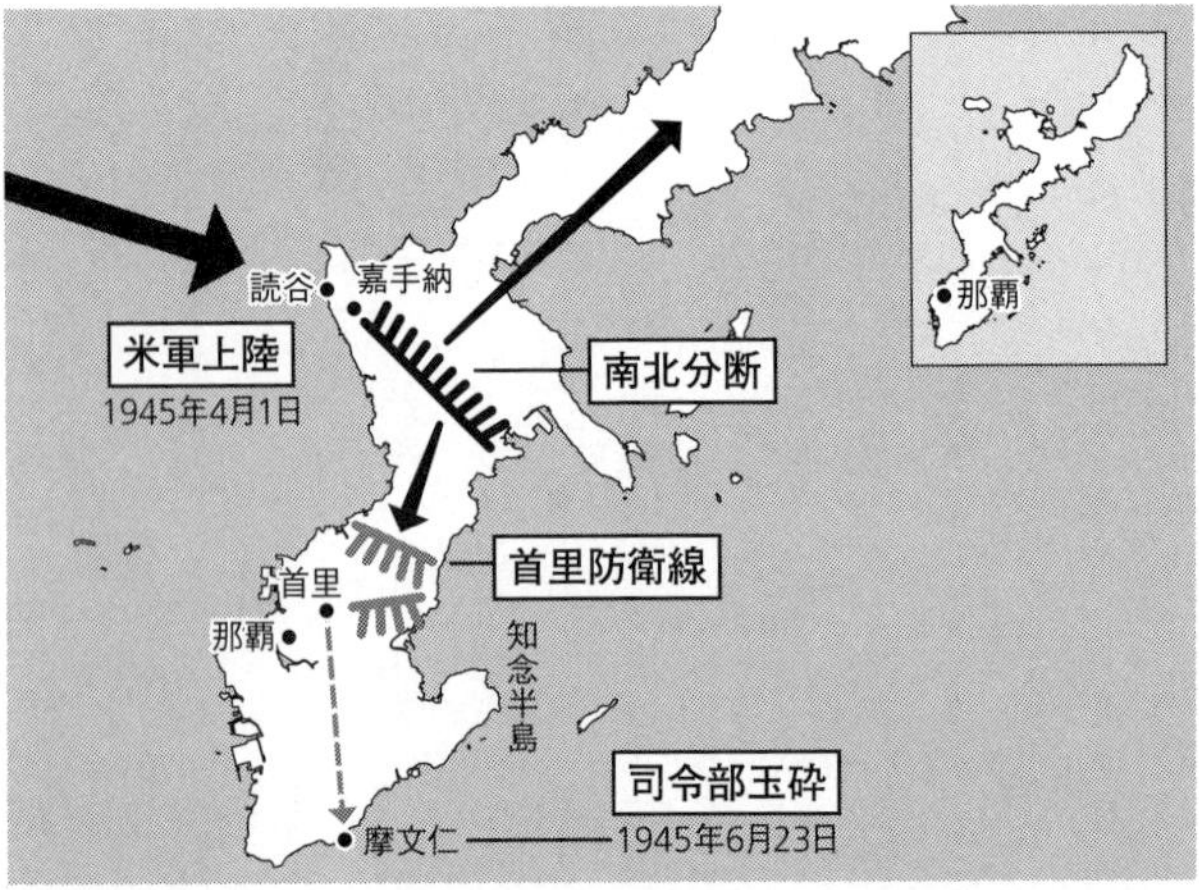

私がここを訪れたのは日没の少し前、天候は快晴であった。やがて東シナ海に沈まんとする雄大な太陽が、青かった空をオレンジ色に変え、海岸線を漆黒に浮かび上がらせる。渡具知海岸沿いに屹立した大小の岩肌は緑から褐色に変わり、その黒い海岸線と一体となる。この地の歴史を知らなければ、もっと広大で設備の整ったビーチは沖縄県内にいくらでもあるから、被写体にしようとも特に思わない、至極ありふれた平和な海岸である。

米軍上陸の地碑はこの公園内の高台に設置されているが、見つけ出すのに苦労した。ようやく見つけた石碑は、40センチ四方のコンクリがわずかに3つ、この地に米軍が一斉に押し寄せたことを示すプレートのみで、ここを素通りしてジャングルジムに向かう散策客も大勢いる。

米軍が上陸した読谷村の渡具知海岸（＊）

高台と言っても海岸との高低差はせいぜい15メートル強というところで、高台というよりは盛り土と言えなくもない。

米軍が上陸した4月1日未明、読谷のすぐ南の嘉手納に配置されていた加賀谷支隊は、1500隻に及ぶ米軍の大上陸部隊を観測し、「上陸艇が7分で海が3分」と首里の第32軍司令部に電話連絡している。この広大な海岸のすぐ向こう側の、今私の目の前に広がる悠々たる大海の7割が、米軍艦艇で埋めつくされたとは、現在この海岸をいくら見ても、微塵も想像することができない。

アメリカ側の沖縄攻略計画は次の通りである。沖縄は南北に長いが、嘉手納付近の中南部は東西に狭く、まずここ（読谷）に上陸して、付近にある日本軍の飛行場（北・中飛行場）を占領して沖縄の制空権を完全に掌握しつつ、日本軍を南北に分断する。米軍の事前の航空偵察により、日本軍の陣地が首里に建設されているのは明白であるので、上陸部隊を南下させて日本軍を撃滅する。その際、日本軍は水際付近で相当の抵抗をするが、圧倒的な火力を以て撃破した後、一気に首里・那覇を攻略して沖縄全部を占領する。簡単に言えばこういう構想であった。しかし、防御側の第32軍は全く逆の発想を抱いていたのである。

この時、首里司令部の高台で米軍上陸の様子をつぶさに観測していた八原大佐の戦後の手記『沖縄決戦』から、当時の第32軍司令部の心中を紹介することにする。

敵将シモン・バックナー（筆者注　サイモン・B・バックナーJr.）将軍の率いるアメリカ第十軍主力の四個師団は、かくして続々上陸中である。彼らは、アッツ以来、太平洋の島々の戦いで、繰り返されてきた日本軍の万歳突撃——必死の形相も凄く、日本刀を振りかざし、手榴弾を投じ、銃剣を突きつけ、戦友の死体を乗り越え、万歳を絶叫しつつ突撃しきたる日本軍の大集団——を当然予期しているだろう。

だが、いま首里山上に立つ日本軍首脳部は、全然その気配を見せない。ある者は談笑し、また他の者は煙草《たばこ》をふかしながら、悠々敵の必死の上陸作戦を眺めている。何故だろうか？　我々日本軍は、すでに数か月来、首里北方高地帯に堅陣を布《し》き、アメリカ軍をここに誘引し、一泡《ひとあわ》も二泡も吹かせる決意であり、その準備は整っているからなのだ。状況は、

> まさに予想した通り進行している。我々は敵が嘉手納に上陸した後、南下して来るのを待っておればよいのだ。牛島将軍や、参謀たちが自信満々、豪《ごう》も動ずる様子がないのは当然である。彼らには、いささかの不安や疑念もなく、強大な敵と戦いを交えんとする壮快さに武者震いをしているのだ。
>
> （『沖縄決戦』P4）

五分五分の戦い

私たちは沖縄戦というと、県民を巻き込んだ凄惨な日本軍の敗北に次ぐ敗北という地上戦をすぐ想起する。事実そうなったのだが、米軍が上陸した当初、首里に陣地を構える第32軍の司令官たちは、第9師団欠損というまことに理不尽で極端な制約の中、持てる資源を最大限に生かし、逆に米軍撃滅に自信を募らせていたのである。

第9師団の台湾転出の後、さすがに八原大佐を含めた第32軍司令部にも沖縄防衛への不安がよぎったことは否めない。しかしさりとて、東京の大本営は約束を反故にし、陸上部隊の増援は望むべくもない。第32軍は手持ちの資源のみという強い制約の中で米軍と戦わなければならない。

そこで八原大佐が計画した「戦略持久」の要諦のひとつは、最初から航空部隊の使用・支援をあきらめることである。これまでサイパンでもフィリピンでも、大本営は飛行場の確保に躍起となり、米軍に飛行場が奪取されると、損害を度外視して奪還しようと部隊を送り込み、その都度手痛い米軍の反撃に遭って自滅してきた。

事実、１９４２年８月から開始されたガダルカナルの戦いは、この飛行場をめぐる奪い合いであった。日本軍の工兵部隊が同島に飛行場（ヘンダーソン飛行場）を建設すると、米軍はすぐさまこれを奪取した。ガダルカナルは南太平洋における航空基地の拠点として期待されており、大本営は米軍に奪取された飛行場の奪還に躍起となり、第一次９００人、第二次６０００人、第三次２万人という兵力を逐次投入して全力を挙げた。第三次攻撃には自称「作戦の神様」、辻政信中佐が大本営から直接派遣されて陣頭指揮を執ったが、日本軍劣勢確実となるや空路東京に帰ってしまった。撤退に失敗した日本兵は島に取り残され、ほとんどが餓死した。ガダルカナル作戦は完全に失敗した。

東京の大本営には、飛行場の確保＝勝利、飛行場の失陥＝敗北という図式がこびりついており、太平洋の戦いでは飛行場の確保と死守を最優先課題とした。もちろん、サイパン島の失陥が南隣のテニアン島、グアム島でのB－29配備につながり日本本土爆撃を可能にするという観点から、飛行場の確保は戦略上とてつもなく重要であることは言うまでもない。

しかしそれは、かろうじて日本軍側にも余力が残っている場合の話であり、沖縄戦の開始、すなわち１９４５年４月１日の段階では、仮に日本軍が飛行場を確保していても、満足に飛ばせる飛行機自体がほとんどない状態であった。あったとしても、飛び立つ前に米軍の空襲を受けて滑走路で撃破され、使い物にならないだろう。

ということは、沖縄戦において飛行場の確保というのはあまり重要ではない、と八原大佐は判断した。これは東京の大本営の考え方とは全く異なる独自の発想である。

だから第32軍司令部は、米軍が読谷に上陸したのち、付近にあった北飛行場（読谷飛行場）、嘉手納の中飛行場（――この飛行場が戦後、在日米軍により拡張されて嘉手納基地となる）を早々に放棄した。飛行場があってもそこで使う飛行機がないのであれば飛行場の価値はない。それならば無価値な飛行場を守るためにむざむざと兵士を犠牲にする必要はない。当然至極の結論である。しかしながら、大本営の「飛行場死守」の方針に従って第32軍は一応北・中飛行場の奪還を計画したが、ことごとく失敗した。八原は最初から飛行場の死守と奪還には反対であると牛島中将に進言したが、奪還失敗により最終的には放棄と決定した。

それよりも第32軍が最も重要視したのは、すでに述べた通り首里の司令部をはじめとした沖縄本島中南部の要塞化である。この地域の岩盤は極めて硬く、米軍戦艦の艦砲射撃でも表面の岩盤が削られるだけで、地下の要塞部分はびくともしない。加えて米軍機から空襲されても要塞さえしっかりしていれば、地下は損害を受けることはない。よって敵の制空権の有る無しはこの際大きな問題ではない――というのが八原大佐らの計画であった。だからこそ、米軍が読

嘉数高台公園から望む米軍普天間基地(＊)

谷に上陸し、やすやすと日本側の飛行場を占領しても、「ある者は談笑し、また他の者は煙草をふかしながら、悠々敵の必死の上陸作戦を眺めている」という余裕が生まれたのであった。結果、八原大佐らの「戦略持久」方針は、吉と出た。

第32軍は、米軍の予想とは異なり、首里の地下司令部とその付近の丘陵地帯からなる防衛線に兵力を集中させ、米軍が上陸した読谷から北の沖縄本島の北半分をほとんど最初から放棄する計画を採り、国頭支隊など比較的少数の部隊を配置するにとどまった。

よって読谷に上陸した米軍は沖縄本島の北部を日本軍の頑強な抵抗を受けることなく占領することに成功した。ただし伊江島においては、飛行場を防衛する３０００人との間で激しい戦闘が起こり、住民を巻き込んだ凄惨な戦いが展開されている（伊江島の戦い）。

沖縄本島への上陸からわずか２週間程度で沖縄の北半

嘉数高台公園にある京都出身者の慰霊碑と塔（＊）

分を占領することに成功した米軍だったが、首里方面に南下する米軍部隊は、日本軍の予想外の抵抗に苦戦を強いられることになる。

八原大佐の述懐通り、日本軍は「伝統的」なバンザイ突撃を禁止し、首里の丘陵地帯の地形を生かして、米軍の侵攻部隊に大打撃を与えた。最も激戦地となったのは首里北方の嘉《か》数《かず》であり、この丘陵地帯は現在では閑静な住宅地になっている。

実際この地を訪れてみると、確かに那覇の中心地からはほど近いが、なだらかな丘陵地帯の高低が続き、嘉数の高台（展望台）は在日米軍普天間基地を望めるほどの高さがある。防衛側からすれば、平坦な平野で戦うよりも、高低差が複雑なこの嘉数一帯に敵を誘引した方が都合がよいことは、沖縄戦から76年を経た現在でも現地に行けば痛感することである。

那覇の中心部から嘉数までは車で30分強、行政区分的には宜野湾市であるが、戦後那覇市近郊の人口が増大し、那覇通勤圏内としてこのあたりの宅地開発が急速に進んだことにより、往時を偲ばせるのは閑静な住宅街の中にたたずむ「嘉数高台公園」にある慰霊碑だけで、ここを見逃せば、この一帯が首里防衛線の最前線だったことを示すものは存在していない。

そればかりではなく、戦後の急速な宅地化によりこのあたりの丘陵は削り取られ、戦時中に日本軍が米軍の視界を遮るために利用した高地部分はその原形が残っていない場合も多い。丘陵地帯全般は現在でも残っているが、それは沖縄戦当時と同じものではなく、よってどの地点に日本軍のどの部隊が展開したかという地理的理解は、現在の嘉数を訪れるだけでは難しく、当時の地図の中でのみ再現させられる状況となっている。

ともあれ、首里北方の丘陵地帯で米軍側の視界が遮られる特性を生かし、日本軍がゲリラ的に接近攻撃を仕掛け、当時アメリカ陸軍最強と謳われたシャーマン戦車が多数、日本軍の餌食となっている。米軍は、入念な空襲と艦砲射撃で日本軍を壊滅させる自信を事前に持っていたが、沖縄上陸から3週間、1カ月と過ぎた1945年5月初頭になっても、首里防衛線に居座る日本軍を思うように撃破できないでいた。当初、米軍は沖縄占領を3週間から1カ月と見積もっていたが、この予想を超えても日本軍の首里防衛線を突破し、司令部を攻略することができなかった。

これらはすべて、第32軍が日本軍玉砕のパターンを踏襲しなかったからである。日本軍のバンザイ突撃は、米軍からすればまことに好都合であった。バンザイを叫んで突進してくる日本兵は、米軍機関銃の格好の餌食となり、日本軍の掃討に際しては逆に都合がよい。日本軍に立てこもられる方が、米軍の損失は増え続けるのだ。

米軍は首里攻防戦のみで数千人の死者を出し、戦場発狂者となって後方に輸送される者が続出した。第32軍司令部は、アメリカの「戦場精神患者続出」というラジオ放送を傍受し、この戦果に小躍りした。もちろん、さすがの日本軍も接近肉弾攻撃を採用しているから、米軍の損害以上の大量の損失が発生していたが、これまでの太平洋の島々での日本軍の戦いとはまるで違う第32軍の戦闘に、米軍首脳部は悩まされ、とにかく物量での力押しをする選択しかなくなっていた。

沖縄戦はこのように、１９４５年４月１日の米軍上陸から実に約１カ月、日本側をやや贔屓目に見ても、まさに五分五分の戦いであった。日本側守備隊は３個師団＋５個旅団等の約10万人。これに対し米軍は正面兵力で20万、予備を入れて50万で、その弾薬は（日本側は補給がほぼ不可能なのに対し）いくらでも後方から持ってこられるのでほとんど無尽蔵である。この巨大な、あまりにも巨大な敵に対して、大きな損失を出しながらも五分五分の戦いにもっていく状況は、まさしく奇跡的な戦局であった。「状況は、まさに予想した通り進行している」という八原大佐の述懐は、「この時点」では事実に近いのである。

　首里の地下司令部では、近く遠くに米軍の砲撃音を聞きながら、食料に困ることはなかった。太平洋の戦い、例えばガダルカナルやニューギニア、硫黄島、そしてインパールでは、密林地帯で日本軍将兵が飢えと渇きで疲弊し、次々と衰弱して餓死していったが、沖縄の日本軍では「この時点では」そういったことは起こらなかった。

　すでに述べた通り、沖縄は硫黄島などとは違ってその土地は広大であり、現在でもそうだがフルーツの楽園である。よって首里の地下司令部には、果実、缶詰、乾燥肉、コメ、サトウキビ、乾パン類はもとより、煙草、酒などの嗜好品も豊富に備蓄されていた。司令部の会合ではすぐ近くの前線で戦闘中にもかかわらず、たびたび小宴会が実施され、料理人まで呼び寄せて食卓に御馳走が並んだほどであったという。また亜熱帯多雨の気候から雨水をそのまま貯水槽にためて飲用とすることもでき、栄養の観点で言えば太平洋の島々で日本軍が犯した物資の欠乏という愚はなかった。

　首里一帯は、米軍の空襲と艦砲射撃により草木一本残らない焼け野原となっていたが、もとより地下で戦う決意を固めていた第32軍には、このような事態は「想定の範囲内」である。

　八原大佐ら第32軍司令部が心配したのは、むしろ物資の欠乏ではなく、かろうじて拮抗している首里防衛線の反対側、つまり摩文仁や知念半島に米軍が上陸することであった。こうなれば首里は北と南から挟撃されることになり、地下陣地がいかに堅牢であっても守備隊は万事休すである。だが、米軍は断崖絶壁の摩文仁方面から上陸することはせず、徹底的に首里防衛線をしらみつぶしに力押しする戦法を変えなかった。

日本海軍全滅

ここで日本海軍の状況を見てみる。フィリピン作戦（レイテ沖海戦）により事実上日本海軍は壊滅し、残っている艦艇は、米軍機による機雷封鎖（——米軍は関門海峡だけに限っても約４９００個の機雷を投下し、日本本土と朝鮮・大陸との連絡をほぼ遮断していた）と潜水艦攻撃を恐れながら、呉や横須賀に係留されている少数の戦艦部隊と、フィリピンを失ったためにシンガポールに係留されて行き場所のなくなった巡洋艦部隊、および南シナ海や日本近海の中部太平洋で活動する潜水艦部隊のみという有様であった。

日本海軍の対米戦争構想は、アメリカの艦隊が日本近海やマリアナ近海に出撃してきた際に、これを発見しては各個撃破するという「漸減邀撃《ようげき》作戦」を採用していた。

が、そんな日本側の都合通りにアメリカの艦隊が現れるわけがなく、日本海軍は１９４２年６月のミッドウェー海戦で虎の子の正規空母４隻（蒼龍、加賀、飛龍、赤城）を失った。続く１９４２年８月〜11月にかけて行われた三次にわたるソロモン海戦では、日本軍艦隊が夜間戦闘で米巡洋艦を撃破した例もあったが、ガダルカナルの戦いが長引き消耗戦となって、真珠湾で活躍した熟練パイロットの多くを失い、結果として戦略的に敗北した。この間、日本の乏しい工業力を背景にした航空機生産能力はほとんど向上しなかったが、アメリカは日本の数十倍の勢いで新型戦闘機を生産しパイロットの訓練を行い、続々と前線に投入した。開戦初期に活躍した日本海軍の名機、零式艦上戦闘機（零戦）は１９４３年の段階ではすでに旧式となり、米軍のＦ６Ｆ（ヘルキャット）やＰ－51（ムスタング）に対抗できなくなっていた。

　１９４４年のサイパン島をめぐるマリアナ沖海戦では、ミッドウェーで痛手を負った日本の空母機動艦隊は一応再建されつつあったが、アメリカの新兵器ＶＴ信管（近接信管――砲弾が飛行機に命中しなくてもレーダー感知により起爆し、航空機に大きな被害を与える）を前に一方的に敗れ去り、持てる空母搭載航空機のほとんどを無為に失った。一方的なアメリカ艦隊の対空砲火によってサイパンの海に墜落していく日本軍機を見て、アメリカ兵はこれを「マリアナの七面鳥撃ち」と揶揄した。マリアナ沖海戦は、小沢治三郎提督がアウトレンジ戦法と呼ばれる新戦法を考案して、トラック島を含めた基地航空隊などの持てる航空兵力のすべてを投入した海軍の決戦であった。

　アウトレンジ戦法とは何か。日本軍の爆撃機や雷撃機は米軍のそれよりも航続距離が長い。ということは、米軍が日本側を発見する前に航空機を出撃させれば、日本側は一方的に米軍艦隊を攻撃することができる、という理屈（アウトレンジ＝射程外）である。確かに、当時の日本軍機の航続距離は米軍機よりも長く、アウトレンジ戦法は理にかなっているかのように思える。しかしアメリカは、レーダー技術を改良して日本軍機の到来をすべて察知しており、日本軍機がアメリカ艦隊の上空に到達したときにはすでに、二重三重の米軍護衛戦闘機による防御ラインが構築されていた。この厳重な防御ラインを突破しても、アメリカ艦隊はＶＴ信管によって容赦なく日本軍機を撃墜する。日本海軍はこの戦いで、レーダーという新兵器を全く軽視したために一方的な惨敗を喫したのである。

さて、フィリピン作戦で日本海軍は事実上壊滅し、この戦いで初めて日本海軍による特攻作戦が実施された。１９４５年４月１日の米軍沖縄上陸の段階では、日本海軍が米軍に対抗する術は皆無と言ってよく、特攻機による出撃が常態となっていた。沖縄戦においては、主に九州から特攻機が出撃したが、レイテ沖海戦の戦訓から日本軍の特攻機対策を行った米艦艇に対し、満足な戦果を挙げられることはなかった。

しかしながら日本海軍は、１９４５年４月５日、徳山湾沖にあった超弩級戦艦大和、軽巡洋艦矢《や》矧《はぎ》らを含む駆逐艦艦隊に、日本海軍最後とも言うべき作戦を命令した。米軍の沖縄上陸から４日後の出来事である。正式名称「天一号作戦」、世に言う大和特攻であった。

この作戦に、当時の海軍首脳部の少なくない面々は「無謀である」として反対した。米機動部隊が沖縄近海の制空権・制海権を完全に握っている中、満足な航空機もないまま、戦艦部隊を突入させるのは軍事的に無意味である――。実に正論だが、実際には大和をそのまま呉に係留していても米軍の空襲で大破着底するのは時間の問題である。どちらにせよ大和の使い道は沖縄出撃しかない、一億特攻の先駆けとなってもらいたいという軍令部の強硬論に折れ、大和の出撃は決まった。

航空機による支援のない大和は呉を出航する段階から米潜水艦によって一挙手一投足が把握されており、九州沖の坊ノ岬で米機動艦隊に捕捉・撃沈され、作戦は失敗に終わった。日本海軍が１９３７年に着工し、１９４０年に完成した戦艦大和は、着工当時ロンドン海軍軍縮条約違反だったので秘匿艦とされ、国民一般には公表し得ない存在であった（しかし、呉や周辺の市民には公然の秘密であった）。よって日本海軍（連合艦隊）の旗艦は大和ではなく戦艦長門であり続けた。

よく、日本海軍は大艦巨砲主義に拘って、もはや必要のない戦艦大和を造った、と批判される向きがあるが、当時の海軍国である米英仏は同じ時期に日本と同様巨大戦艦を建造しており、日本海軍がことさら大艦巨砲主義に拘って大和を建造したのではない。

航空機が戦艦にとって代わるという、所謂「航空主兵論」は、英軍によるイタリア艦隊の撃破（タラント空襲）や、日本軍による真珠湾攻撃、あるいはイギリス東洋艦隊の撃破（１９４

1年12月10日のマレー沖海戦。英戦艦レパルスとプリンス・オブ・ウェールズが仏印の日本軍攻撃機によって撃沈）の後であって、大和が時代遅れの戦艦である、というのは後世から見た歴史解釈であり、当時の実情を正確に照合したものではない。しかし結果として、大和が日本海軍における事実上最後の作戦で使用されたのは皮肉なことである。戦艦大和は現在も九州沖の海底に沈んでいる。こうして日本海軍は名実ともに全滅した。

総攻撃の命令下る

さて、第32軍が東京の大本営による理不尽な約束の反故と、強い制約の中で、無限とも思える物量を誇る米軍と首里防衛線において五分五分という奇跡的な戦闘を行っている最中、沖縄から遠く離れた東京の大本営は、この第32軍の「戦略持久」方針に業を煮やしていた。

まず大本営は、第32軍が読谷近くの北・中飛行場を事実上早々に放棄したことに不満を募らせ、これらの飛行場の奪還を指示した。第32軍はこの命に従い、飛行場奪還作戦を行いはするが、米軍の堅固な守備に撥ね返されてすぐさま奪還を断念した。

次に東京の大本営は、第32軍の「戦略持久」という方針そのものに対して疑念を抱くようになり、「敵米鬼を積極的に撃砕せよ」という総攻撃計画を矢継ぎ早に督戦するようになった。

この大本営の考え方は、当然無謀極まりない理不尽なものである。第32軍はただでさえ第9

師団が欠損する中、数カ月の期間を通じて構築した首里の地下陣地を使って、かろうじて米軍を抑え込んでいる。それとて、米軍の圧倒的な物量を考えればそう長く持ちこたえられるものではない。しかし、米軍に対して積極的攻撃を仕掛けず、徹底して持久戦を貫けば、米軍の損害は増し、首里防衛線で日本軍は何とか持ちこたえることができる。八原大佐をはじめとした第32軍は、この「戦略持久」のみに一縷の勝機を見出していた。この時期の八原大佐の述懐を引用しよう。

私は（筆者注　第32軍）首脳部の人々にいった。「なるほど我々は陣地要部の半部を失った。しかし敵が首里山頂を奪取するためには、さらに四キロもわが陣地帯を突破しなければならぬ。今までに敵と戦ったわが兵力は、全軍の約三分の一に過ぎぬ。それでさえ赫々《かくかく》たる戦果を揚げている。軍主力である第二十四師団、混成旅団、軍砲兵隊等はほとんど無傷のまま厳然として控えているではないか。敵の消耗は日増しに増大しており、その攻撃力にも限度があろう。わが軍の前途は自信満々である。落胆悲観する理由は存在しない」

（『沖縄決戦』Ｐ２６３）

確かに八原の言うように、首里防衛線の主力として奮戦していた第62師団は大きな犠牲を出しつつも、たった１個師団で精強な米軍３個師団を相手にしていたのである。最終的な見通しはともかくとしても、首里防衛線はまだまだ持ちこたえられるというのが八原の持論であり、事実そうであった。しかし第32軍司令官の牛島満中将や長勇参謀長が気に病んでいたのは、この八原大佐の「計画通り」の善戦が将来にわたって続くかどうかではなく、東京の大本営、すなわち中央からの理不尽極まりない要求に対してどうこたえるかだった。

　東京の大本営はこうした第32軍の方針を「消極的である」として批判し、この時期米軍に対する総攻撃を再三再四催促し続けていた。牛島満中将は、軍として「戦略持久」の方針を決定したのだから、東京からの総攻撃の命令は軍事的に無謀であるとして消極的で、なにより「戦略持久」の作戦を立案した八原大佐が「総攻撃は無意味で仮にやれば大失敗に終わる」として断固反対の決意を鮮明にした。米軍上陸から約１カ月、首里防衛線でかろうじて五分五分の戦局を保っていた第32軍内でも、何度か東京からの督戦に応じ、総攻撃をする案が出たが、その都度八原大佐の強い反対の意見が何とか理解され、総攻撃計画は出ては消えの状態となっていた。

　そのころ東京では、沖縄に米軍が上陸する約３週間前の１９４５年３月10日、サイパンから飛び立った約３００機のＢ－29により、無差別大空襲に遭った（東京大空襲）。この時の犠牲者は下町を中心に約10万人という凄惨なもので、いよいよ日本の敗北は誰の目にも明らかであった。

それまで米軍は、武蔵野にある中島飛行機工場、同じく中島の多摩製作所等を重点目的として精密爆撃をしていたが、日本上空特有の複雑な気流や強風、日本側迎撃部隊の抵抗等により、満足な戦果を挙げられなかった。そこで３月10日の東京大空襲を以て住宅地の無差別爆撃にその戦略を切り替えたのであった。

東京大空襲を皮切りに、川崎、横浜、名古屋、大阪、神戸、福岡など太平洋ベルトの大都市部が軒並み無差別爆撃に遭い、そして日本の唯一の頼りであったナチス・ドイツでは、１９４５年４月30日、ソ連軍がベルリン市街に突入し、アドルフ・ヒトラーは総統地下壕で拳銃自殺し、ナチス宣伝相ゲッベルスは子供もろとも一家全員が服毒自殺した。ナチスの終焉であった。

東京の大本営にも火がついた格好であった。大本営はいよいよ本土決戦の準備に邁進し、特攻機さえ出し惜しみして沖縄に対し特攻機を出撃させない方針を徐々に固めた（事実、沖縄陥落後、特攻機の出撃は原則としてなかった）。すべて本土決戦のための温存である。

そんな中、東京からの総攻撃への理不尽な圧力に、遂に第32軍は従わざるを得なくなった。１９４５年４月29日、第32軍は司令部で作戦会議を行い、東京の大本営からの督戦に応じて、温存していた野戦砲を中心とした米軍への正面からの総攻撃を決定した。

当然のこと、八原大佐は「軍事的に無謀である、失敗は明白である」として最後まで反対したが、八原の上司である長勇参謀長の説得によって折れざるを得なくなった。軍隊では上からの命令は絶対であり、いくら高級参謀が特殊な立場であり、作戦頭脳が明晰であっても、上司からの命令にＮＯと言うことはできない。

岡本喜八監督の映画『激動の昭和史――沖縄決戦』（１９７１年）では、長勇参謀長役を丹波哲郎、八原大佐役を仲代達矢が演じている。中央からの総攻撃の命令に泣く泣く従わざるを得ず、長が八原を説得する場面において、劇中では「八原君、頼む、俺と一緒に死んでくれ」と長が涙ながらに頼み込む。実際には八原大佐の手記によると、

「八原君！　君《きみ》と僕《ぼく》とは常に難局にばかり指し向けられてきた。そしてとうとうこの沖縄で、二人は最後の関頭に立たされてしまった。君にも幾多の考えがあるだろうが、一緒に死のう。どうか今度の攻勢には、心よく同意してくれ」と申され、はらはらと落涙された。

（『沖縄決戦』Ｐ２６５）

ということである。ここまで来れば高級参謀とはいえ長の部下に過ぎない八原大佐も、ＹＥＳと首肯するより選択肢がない。長参謀長は勇猛果敢、剛毅不屈の攻撃的性格を持つ軍人であった。その性格は、八原の述懐による「地下司令部に芸者を侍らせていた」という記述からも

うかがえよう。長はどちらかと言えば中央からの総攻撃督戦に賛同的で、八原とはしばしば意見が対立したというが、実際には八原の提案を柔軟に受け入れる性質もあり、完全に旧態依然とした精神論偏重の日本軍人と評価することは本書ではしない。

こうして失敗という結果が火を見るより明らかな、あまりにも理不尽な東京の命令のもとで決定された米軍への総攻撃は、1945年5月4日に開始された。これが沖縄戦の決定的な分水嶺であり、そして本格的な地獄の始まりであった。

首里陥落

本当の悲劇の始まり

1945年5月4日未明、「戦略持久」を方針として決定していた第32軍は、その方針を大転換し、東京からの理不尽な命令に従い、虎の子として温存しておいた野戦砲を米軍に対してたたきつけた。米軍の弾薬はいくら消費しても海上から無尽蔵に補給がきくが、もはや沖縄に孤立状態になった第32軍の弾薬はこれ1回きり使用すればあとは補給のめどはない。第62師団を主力として第24師団を伴った総攻撃部隊は、米軍に占領された普天間方面を奪還すべく、野戦砲の一斉射撃ののち大攻勢を開始した。

結果は言うまでもなく、精強な米海兵師団らに正面から突撃したのだから、たちまち撃破される。第62師団、第24師団は満足な戦果も挙げられないまま、壊滅状態に陥った。あれだけ「バンザイ突撃」は禁忌としておきながら、またしても同じ愚を、日本軍は犯してしまったのである。総攻撃開始からわずか2日後、攻撃に出た主力2個師団らが壊滅した状況を鑑み、第32軍は総攻撃を中止する決定を下す。この時牛島満中将は、直接八原大佐を呼びつけ、こう漏らしたという。

「八原大佐。貴官の予言通り、攻撃は失敗した。貴官の判断は正しい。開戦以来、貴官の手腕を掣肘《せいちゅう》し続けたので、さぞかしやりにくかったろう。予は攻撃中止に決した。濫《みだ》りに玉砕することは予の本意ではない。予が命を受けて、東京を出発するに当たり、陸軍大臣、参謀総長は軽々に玉砕してはならぬと申された。軍の主戦力は消耗してしまったが、なお残存する兵力と足腰の立つ島民とをもって、最後の一人まで、そして沖縄の島の南の涯、尺寸の土地の存する限り、戦いを続ける覚悟である。今後は、一切を貴官に委せる。予の方針に従い、思う存分自由にやってくれ」

（『沖縄決戦』Ｐ２８６-２８７）

この惨憺たる牛島司令官の吐露に対し、八原大佐は心中「手遅れだ」と感じたという。この

１９４５年５月４日の総攻撃により、八原大佐の分析通りいまだ約３分の２をほとんど無傷で温存して長期間の戦略持久に耐えられる兵力を残していた第32軍は、事実上壊滅した。米軍側からすれば、首里防衛線での日本軍の頑強な抵抗で犠牲者が続出し、苦悩している最中にあって、日本軍側からむざむざと死にに来てくれたようなもので、願ったりかなったりの大戦果であった。

かろうじて拮抗していた首里防衛線は、この大攻勢のせいで全面的に崩壊した。大攻勢の後、首里防衛線は圧倒的な物量を誇る米軍の数次にわたる攻勢に対し、もはや対抗する手段がなくなり、第32軍司令部は１９４５年５月下旬、遂に首里司令部の放棄を決定した。沖縄戦の本当の悲劇は、むしろここから始まると言っても過言ではない。

首里は那覇市の北東約３キロの地点にあるが、第32軍はその周辺一帯を首里防衛線として陣地構築していたので、米軍のそれ以上の南下は食い止められていた。むろん、10・10空襲や艦砲射撃などの影響で、首里以南でも沖縄県民の非戦闘員に多数の死傷者が出ていたが、この時点では日米による地上戦に直接巻き込まれて犠牲になった者はそこまで膨大な数ではなかった。沖縄県民は、この時期日本軍が首里防衛線で踏ん張っているので、その多くが首里以南に避難するか、もしくは北部に避難した者はすでに米軍の捕虜となって収容所に入れられていた。

第32軍は、首里の放棄を決定した後、新しい司令部を知念半島か摩文仁のどちらにするかで悩んだが、物資補給等の観点から摩文仁の地下壕とすることに決定した。そしてこれが、第32軍司令部の最後の場所となった。

5月4日の総攻撃の失敗後、無残に後退する日本軍は、5月下旬に首里放棄を決定したのち、ちりぢりに摩文仁方面に撤退した。首里の地下壕や野戦病院に残されている傷病兵は、歩けない者はそのまま放置され、自決用の青酸カリや拳銃が手渡された。そして首里を捨てて日本軍が摩文仁に撤退したことにより、ただでさえ首里方面での激戦を避けて避難民でごった返す沖縄本島南部は、阿鼻叫喚の大混乱状態に陥る。

軍民の判別がつかなくなった隊列に対して、米軍機が無差別で機銃掃射を浴びせる。中には明らかに非戦闘員だと分かりながらも、沖縄県民を銃撃した事例もあった。狂気の戦争によって、米軍ですら正気を失っていたのである。県民はなおも日本軍を信頼していたので、撤退する日本軍に帯同して摩文仁方面に移動する。そこに容赦なく米軍の砲爆撃が炸裂し、機銃の餌食となる。

1945年6月に入ると、第32軍に残された戦力は微弱で、沖縄県民の保護などにかまっている余裕はなく、本来県民を保護するはずの日本軍による住民の防空壕や地下壕、ガマからの追い出しや食料の略奪が横行した。県民がスパイと疑われて日本軍に射殺される事件も続発した。現在でも有名な大田実海軍中将の「沖縄県民かく戦えり」の電文は、この時期の１９４５年６月６日に発信された。

「軍の主戦力は消耗してしまったが、なお残存する兵力と足腰の立つ島民とをもって、最後の一人まで、そして沖縄の島の南の涯、尺寸の土地の存する限り、戦いを続ける覚悟である」とは、先に述べた牛島満中将による５月４日の総攻撃失敗の直後の言葉であるが、実に無責任極まりないと言える。そして総攻撃失敗の後に、八原大佐の戦略持久方針はやはり正しかったと言われても、すべてが後の祭りで手遅れの状態である。

軍には非戦闘員の生命を守る義務がある。よって、総攻撃に失敗し、司令部とした首里を放棄するのであれば、その時点で米軍に対し降伏するべきである。もし１９４５年５月下旬の首里放棄の後に、第32軍が米軍に対して投降・降伏を申し入れていれば、沖縄戦の悲劇は全く違ったものになり、沖縄県民の犠牲者は大幅に少なくて済んだはずである。

事実、６月に入ると米軍最高司令官、サイモン・Ｂ・バックナーJr.中将直々の書面で、牛島司令官宛に投降勧告の手紙が届けられ、日本軍前線の上空には降伏を呼びかけるビラが散布された。しかし日本軍はこれらの勧告を無視した。

そういう発想が、当時の日本軍にはなかった。「生きて虜囚の辱めを受けず」という当時の日本軍将兵一般に普及し、教育された戦陣訓の精神がそれを妨げた。そしてなにより、日清・

日露戦争以降、シベリア出兵、第一次大戦、日中戦争とほぼ連勝（ノモンハンの戦いは日本の敗北であったが、大本営はこれを失敗と認めなかった）を重ねてきた大本営に、「敵に降伏する」という概念自体がなかった。要するに大日本帝国の軍隊は、敵を撃破する方法は徹底的に訓練されていたが、敵に負けたときどうするかという教育を全くされてこなかった。

捕虜になったらどうするか

この点、数々の戦争を経験してきた欧州は違った。１９４０年６月にナチスにパリを占領され、降伏したフランスは、継戦派のド・ゴールがロンドンに亡命したが、圧倒的大多数のフランス国民は軍と共に玉砕するという選択肢を採らず、ナチス・ドイツの占領に従った。しかしただ従ったのではなく、レジスタンスと呼ばれる地下抵抗運動を連合軍の反撃まで続け、この間、ナチスの電話網をはじめとする通信インフラや、機械工場、鉄道路線などを爆破したりして抵抗を続けた。同じくナチスに占領されたノルウェーやデンマーク、ポーランド、ギリシャ等でも同じことが起こった。

生き残って雌伏する、という発想が、当時の日本軍にも日本人にもなかった。通常、捕虜になった兵士は国際条約にのっとり、その待遇が決められている。むろん、ソ連のように捕虜の待遇を定めた条約を無視してシベリアに強制連行した場合もあったが、基本的には欧州戦線における捕虜は、敵軍の監視下に置かれ収容所で生活をする。

収容所に入った捕虜には最低限度の食料や物資を支給しなければならないので、敵軍の財政を圧迫する。捕虜になること＝敗北ではなく、捕虜となっても自軍の救援を待つか、捕虜として間接的に敵の収容能力を圧迫するという抵抗の方法は、普遍的にどの国にも見られた。しかし日本兵はこの手法を全く教育されていないので、自らが敵の捕虜になったときにどうすればよいのかというノウハウが皆無だった。だから太平洋戦争中、自決に失敗したり、栄養失調で動けなくなったりした日本兵が米軍の捕虜になった際、最初は警戒するが、煙草や酒で懐柔されると、日本兵はすらすらと自軍の機密情報を米軍に喋ったという。

通常、捕虜となっても自軍に不利な情報は黙秘せよという教育がなされているが、日本軍には捕虜になるという発想自体がないので通常の兵士では考えられないような機密情報の暴露を敵側に平気で行った。これは日本兵に愛国心が足りなかったのではなく、捕虜になった場合の教育が軍から全くなされていなかったからであった。

そしてこういった発想は、参謀としては極めて聡明で合理主義者であった八原大佐にもなかったのである。最後の一人まで、尺寸の土地が存在する限り戦う――、というのは第32軍が決めた勝手な方針であって、この方針に非戦闘員である沖縄県民が従わなければならないという法はない。法はないが、当時の「軍民一体」という掛け声の中に、戦略的要衝が失われたのなら抗戦するのは無意味だから、敵に降伏する、という世界観自体が存在しなかったのである。

結局、玉砕を禁じ、「戦略持久」という、当時の日本軍にしては極めて合理的な用兵で少なくとも都合1カ月は圧倒的な米軍と五分五分の戦いを演じた第32軍も、太平洋の島々の戦いでの日本軍がそうであったように、住民を巻き込んだ悲惨な玉砕戦と全く同じ道をたどることになったのだった。

ただしこの時期になると、アメリカ側の記録によれば、少数ながら集団で投降する日本兵の姿が見られたという。部隊間の連絡がなくなり、孤立状態で武器すらなかった日本兵は絶望の極みに達し、投降勧告に従った者も存在したことは記しておきたい。

合理的精神と悪癖

摩文仁に撤退した第32軍は、首里時代に豊富に備蓄していた物資にも事欠く有様となった。

そんな中、米軍の沖縄攻略部隊司令官であるサイモン・B・バックナーJr.中将が、6月18日、現在の糸満市真栄里で前線を観測中、日本軍の砲撃を受けて死亡した。日本軍の狙撃兵による射撃という説も根強くあったが、2002年になって野戦重砲第一連隊の中隊長だった石原正一郎氏が、米軍幹部の車両を砲撃したと証言している。アメリカ側攻略部隊の最高司令官が、太平洋戦線での日本軍との戦いで戦死したのは後にも先にもこれ1例であるが、沖縄戦の戦局が決した6月中旬の段階において米軍側の最高司令官が戦死しても、日本軍敗北の情勢は動かなかった（——牛島中将は、摩文仁の司令部でサイモンの死を聞いたとき、敵ながら憐憫《れんびん》の情を抱いたという）。

避難民を巻き込んだ壮絶な掃討戦は首里陥落後約1カ月にわたって続き、遂に6月23日、摩文仁の洞窟壕で牛島満司令官と長勇参謀長が割腹自決して日本軍の組織的抵抗は終わった。この際、高級参謀八原大佐は自決せず、沖縄中部の米軍占領地帯を単身突破して、沖縄本島の国頭方面でゲリラ的に抵抗を続けているはずの日本軍残存部隊と合流して指揮を執るべく、軍服を脱ぎ捨てて民間人に偽装し摩文仁を脱出した。

この時期、摩文仁司令部に残った少なくない参謀らが、軍服を脱ぎ捨て民間人に偽装し、摩文仁から脱出して米軍占領地域を突破しようと試みたが、結果として摩文仁からの脱出に成功したのは八原だけであった。

八原大佐は英語が堪能で、米軍に捕まった際「台湾帰りの英語教師」として軍人身分を偽ろうとしたが、八原の顔を知っている沖縄県民が米軍に通報したことにより身分詐称が判明し、米軍の捕虜となりそのまま終戦を迎える。第32軍司令部で戦後も生き残ったのはこの八原大佐しかいない。

八原大佐が唱え、第32軍が採用した「戦略持久」という方針は、軍事的には正しかった。東京の大本営は現場の実情を知らず、また沖縄を捨て石として第9師団を台湾に移動させ、代わりの師団も送らないまま、という理不尽な命令と極めて強い制約の中で第32軍は合理的精神と冷静な現状把握に基づき、最大限のボディブローを米軍に対し浴びせた。そしてそれを立案し、実行するまでに至った八原大佐は、まさしく「敗軍の名将」と呼んで差し支えない。

限られた条件の中、手持ちの資源だけで、かつ圧倒的に自分が劣勢の場合、精神論に基づく積極的な攻撃こそが、最もやってはいけない愚策であることを、沖縄戦は物語っている。「攻撃は最大の防御なり」などという掛け声は、自分が有利なときのみに効果がある手法であって、自らが不利なときは、じっと長期に腰を据えて合理的で無駄のない「消極姿勢を採る」ことが戦法の常道である。これはまた現在日本の国力が漸減状態であることを考えるとき、「攻めの農業」とか「世界に打って出るクールジャパン」などという積極姿勢が官から提出され乱舞しているが、それらがことごとく失敗に終わっていることに鑑み、「積極的」という美辞麗句が、いかに愚策であるのかを知る良い教訓となろう。

なぜ積極的にならないのか？　もっと攻めの姿勢で――などというのは、日本社会において、ある種、あの戦争の時代から変わらない、実情を無視した空理空論、精神論にほかならない。相手に対し劣後し、圧倒的に不利な状況の中では、積極姿勢というのはまるで何の意味も持たない。時として防御的姿勢こそが最も正解である。そしてそういった判断は、常に合理的で冷静な現状分析に基づかなければならない。理不尽な積極性の勧奨は、威勢こそ良いが悪魔の甘言で、時に破滅への一里塚になり得る。

八原を「敗軍の名将」と書いた。確かに八原大佐は軍人としては極めて合理的な精神を持った人物であり、事実や数字に基づかない精神論を忌避し、理不尽で強い制約の中、持てる資源を最大限に利用して抗い続けた。

もし東京の大本営からの理不尽な要求への従順な回答――つまり第32軍による1945年5月4日の総攻撃がなければ、沖縄戦は八原の計画通り、もしかすると8月までずるずると延長され、第32軍は首里で踏ん張っていた可能性は否定できない。そうなると、首里以南の非戦闘員は日米の凄絶な地上戦に巻き込まれることはなかったはずであり、戦争末期の日本全体の状況もまるで違ってくるが、これは「タラレバ」であり、現実はそうではなかった。

八原大佐は旧来型の日本軍人が持つ「敗北、降伏を認めない」という一点においては、やはり「伝統的」な日本軍人の悪癖を捨て切れない側面があった。

八原は戦後述懐した手記の中で、米軍の捕虜になったくだりで「私は捕虜になったわけではない」と何度も強調しているが、実際にはどう見ても捕虜である。軍人として捕虜になることを認めないという信条からそう書かれているのだが、それは軍人側の都合であって、結果として沖縄の民間人を巻き込んだ凄惨な首里放棄以降の撤退行動についての反省や後悔の弁は、述懐ではほとんど見られない。

八原大佐は名将ではあったが、民間人の命を守る義務を負う軍人としては全く失格である。自軍の敗北が決定的となったとき、その信条を「いかに軍が持久できるか」ではなく、いかに非戦闘員の被害を少なくするか、の方向で考えられていれば、首里陥落の時点で沖縄戦は終結し、沖縄戦の被害は全く違った展開になっていたはずである。しかしそれは、八原のような、狂気の中でなおも正気を保ち続け、合理的精神を持った聡明な軍人ですら、当時の日本軍にあっては無理な相談であった。軍人ではなく、人間・八原博通の評価は、現在でも分かれている。

＊1――欧州第二戦線

欧州での第二戦線は、連合国首脳によるカイロ会談（１９４３年）でソ連首相・スターリンが米英に対して熱望していたものであった。当時、ソ連は独ソ戦の真っ最中で、量的戦力を背景にソ連が盛り返しつつあったが、依然としてドイツ軍は精強であり、これを突き崩すためにはドイツ占領中のフランスに上陸して、独ソ戦の正反対の方向、つまり西側に第二戦線を作ることが必要条件だと一致した。すでに１９４３年の段階で、イタリア領シチリアに連合軍が上陸（ハスキー作戦）してローマが連合軍によって占領され、ムッソリーニは失脚してバドリオ率いるイタリア新内閣が連合国と休戦し、イタリアは降伏していたが、イタリア半島はその中部に峻険な山岳地帯が多く、降伏したイタリア軍に代わって駐屯したドイツ軍によって、イタリア戦線は膠着した状況であった。よってドイツ占領下のフランス解放がどうしても必要であるとの結論からなされたのが、1944年6月のノルマンディー上陸である。この上陸の際、ヒトラーは寝室で寝ており、連合軍上陸の第一報への対応が遅れたとされる。

＊2―フィリピン作戦

フィリピン作戦は日本側からは「比島決戦」と呼ばれ、陸海空の持てる兵力のほとんどが集中的に投入された。特に海軍は、米軍レイテ島上陸を察知し、同地域に大規模な艦隊を派遣して決戦を試み、米軍の上陸部隊への直接の艦砲射撃による粉砕を計画するが、艦隊同士の相互連絡や司令官(栗田艦隊)の損害への躊躇から実行されず、逆に大打撃を受けて日本海軍は事実上壊滅する。この前段階で、台湾沖でアメリカの機動艦隊を撃滅したとする陸軍情報(台湾沖航空戦)が海軍にもたらされており、海軍はそれを信じて戦局をやや楽観視していたが、実際にはそれは誤報で、アメリカの機動艦隊は健在であった。以後、日本海軍は再建されることなく敗戦を迎える。

陸軍は、フィリピン最大のルソン島で決戦をする予定であったが、レイテに米軍が上陸したと知ると、ルソン決戦を撤回してレイテ方面に戦力の逐次投入を行い敗北する。マニラを失った陸軍は、ルソン島北方の密林地帯に退却し、敗戦までゲリラ的な抵抗が続けられた。太平洋戦争中、中国戦線を除けばフィリピン作戦での日本軍の戦死者50万人は最も多い犠牲であり、戦後は遺族らの訪比によって、日比の交流がスタートするのである。

コラム　沖縄のその後

1945年6月23日、摩文仁の司令部に撤退して牛島司令官らが自決した後も、沖縄戦は続いた。鉄血勤皇隊に所属し、学徒身分で後方伝令兵（主に非戦闘員に軍の戦況を伝える連絡係）として従軍し、のちに沖縄県知事となる大田昌秀氏の戦後の述懐によれば、「摩文仁で日本軍司令部が玉砕した後も、学徒隊であった自分は沖縄南部をゲリラ的にさまよい続け、1945年10月に南原付近で倒れているところを米軍に収容されて捕虜になった」。このように6月23日はあくまで日本軍司令部の玉砕の日であり、日本軍の敗残兵や、そもそも司令部との連絡が途絶えた孤立部隊、日本軍を信じて軍に協力した学徒隊などの臨時戦闘要員は、日本国自体が降伏した後も、散発的な抵抗＝つまり戦争を続けていたのである。

沖縄に数え切れないほど足を運んできた私は、沖縄戦という未曽有の惨禍に対し、那覇空港に降り立つたびに何とも言えない感慨を覚える。沖縄戦には第二部で述べた通り3個師団＋5個旅団が参加したが、沖縄県外出身の戦没者としては、満州方面から転用された旭川の第89連隊（第24師団隷下）が存在したため、北海道出身者が最も多く、判明しているだけで約1万800人である。

私は沖縄とは地理的に正反対の北海道の生まれで、大学進学まで札幌で育った。沖縄戦は沖縄県民だけの戦いではなかった。その事実を考えると、沖縄に対し極めて複雑な感情を覚える。なにより「本土決戦の捨て石」として理不尽極まりない命令と制約を与えながら、その本土では最終的に本土決戦の約束を実行しなかった（その賛否はともかく）ことに対し、堪らない後ろめたさを感じずにはおれない。

戦後、沖縄は港湾、工場、鉄道、発電所などの重要インフラはもとより、住宅の90%以上が消失するという、まさに凄絶な焼け野原からスタートした。一村全滅という例も往々にして存在した。沖縄戦後、米軍はただちに軍政を敷いたが、住宅を含めすべての家財を失った沖縄県民の暮らしは米軍の収容所から始まり、その復興は米軍の放出物資に頼るしかない状態であった。沖縄経済は地上戦で完全に崩壊し、経済活動が全滅したので貨幣経済も機能せず、県民は物々交換からの生活再建を余儀なくされた。

沖縄に軍政を敷いた米軍は、日本円の代わりにB円と呼ばれる軍票を流通させた。１９５０年には、１ドルが１２０B円という為替レートに固定された。これにより沖縄経済は、本格的に復興への道を歩むことになる。１ドルが１２０B円ということは、当時、日本国内では１ドルが３６０円に固定（１９４９年）されていたことを考えると、３倍のB円高である。

つまりB円は日本円に対して３倍の購買力を持つことを意味する（B円高ドル安）。これによって沖縄では、特にアメリカからの輸入品を日本内地の実質３分の１の価格で買えることになり、急速に生活物資が充足した。日本内地で1ドルがおおむね１２０円になるのは、１９９０年代中盤のことである。沖縄ではこれに先立つこと40年以上前に、日本で言うところの円高による輸入の恩恵を経験したのである。

沖縄経済は、こうしたＢ円高による旺盛な購買力によって、輸入品が激増し、戦災で失われた生産力を補填した。よって戦後の沖縄経済は、戦前は農業や軽工業が主力だったのに対し、輸入商社や輸入産業が寡占する全く別の構造となった。戦後、「奇跡の1マイル」と称された現在の国際通りの賑わいも、Ｂ円高による潤沢な輸入品と生活物資の安定、そして旺盛な米軍需要によって支えられたものであった。ただし、現在那覇の繁華街として名高いこの国際通りも、戦前のものがそのまま復興されたのではない。戦前沖縄の繁華街はもっと東部の牧志付近にあった。これが沖縄戦で全滅したので、戦後新しく建設されたのが国際通りである。

１９５８年にＢ円は廃止され、ドルが正式通貨となったが、１９７２年の沖縄日本復帰までなおもドルは円に対して優位であったので、沖縄経済の主力は依然として輸入産業であった。しかしこのことが、沖縄県の経済構造を歪《いびつ》なものにした。Ｂ円高、ドル高という状況の中で、日本内地よりはるかに格安に輸入物資を購入できた沖縄では、それゆえに県内の工業生産が育ちづらかった。

県内で生産するよりも日本内地から買い付けた方が安いからである。これにより、沖縄経済は「工業なき復興」と言われた。この影響は、沖縄日本復帰から現在まで続く沖縄県の内地との所得格差の遠因として横たわっている。日本内地が高度成長に入り、重厚長大産業を筆頭とした工業生産を続々と開始しても、沖縄にはB円高とドル高に頼った経済構造が根底にあったため、消費経済一辺倒で、巨大な産業資本が育たなかった。これが沖縄県の県民所得が現在でも47都道府県中最下位であることのひとつの要因である。沖縄戦の後遺症は現在でも、目に見えない経済構造として横たわっている。

　そして当然のこと、沖縄に過度に集中する在日米軍基地の問題は依然解消されていない。ビル・クリントンと橋本龍太郎総理大臣によるＳＡＣＯ合意は、１９９５年の沖縄少女暴行事件を端緒に沖縄県民の反基地感情が盛り上がったため、沖縄の基地負担を軽減する名目で、普天間基地の返還（および代替としての高江地区のヘリパッド整備と辺野古新基地建設等）を確約したものであったが、現在でも普天間基地の返還は実現されていない。筋論で言えば普天間の返還が先で、その後の代替施設は論外かグアム方面に移転してはどうか、などと日本政府が交渉すればよいが、中央にそういった気骨があるようには思えない。

　そもそも、普天間も嘉手納もその他の在沖米軍基地も、沖縄戦までは沖縄県民が自由に使用できた沖縄県民の土地であり、それを沖縄戦後の米軍軍政下で、米軍が「銃剣とブルドーザー」で無理やり接収して固定化させたものだ。確かに米軍軍政時代と比べて沖縄県における米軍基地面積は減少したが、県の中部をでかでかと占有する嘉手納・普天間の両基地は、今や米軍需要に頼らなくても観光やコールセンター需要等で自立が進む沖縄経済と、那覇都市圏の伸長にとって邪魔者でしかない。いかにこれらの基地が、沖縄の住宅地の形成・市街化にとって邪魔であるかは、沖縄中部を車で走ってみれば誰しもが痛感するところである。

沖縄県では米軍基地をそのまま存続させる場合と、米軍基地を返還させて商業施設などに転換させた場合の経済効果を試算しているが、後者の方が圧倒的に沖縄にとって利益があると出ている。実際に、かつて琉球米軍司令部として存在したライカム（沖縄県中頭郡北中城村）は、返還後、当時の呼称を取って「イオンモール沖縄ライカム」として生まれ変わり、複合商業施設として整備されたが、連日県内外からの訪問客で盛況であることは、同地に行けばすぐに分かることだ。

沖縄から米軍基地を除去することがかえって沖縄の利益になるのは明白である。２０２０年からのコロナ禍で、沖縄への海外からのＬＣＣ発着等は大幅に減少し、沖縄県内のインバウンドによる観光収入は大きな痛手を負っているが、スペイン風邪の故事が示す通り、コロナ禍はいずれ終わるので、その時に再び沖縄と那覇空港はアジアにおけるハブ空港としての役割を復活させる。

日本内地には首都圏〜中部地域にまたがる広大な空域に在日米軍横田管制が設定されており、

航空機の離着陸の障害になっている。日本の空はまだ米軍に占領されたままだが、沖縄も同じで、沖縄本島全体を在日米軍嘉手納管制が牛耳っている。ただし2010年に嘉手納ラプコンと呼ばれる米軍管制空域の日本側への一部返還が実現されている。が、完全返還ではなく、あくまで米軍の管制空域の一部委譲であり、米軍機優先という空の占有状態に変化はない。これを完全に日本側の手に戻すことで、沖縄の観光県としての地位はますます向上するであろう。

沖縄経済に占める米軍基地需要の割合は沖縄戦後は天文学的な比率であり、1972年の日本復帰直後でも15％以上であったが、2016年現在では借地料、基地雇用者から従業員に支払われる給与、米軍の飲食消費需要等を含めても県経済全体に対し5・3％に低下している（しかしその借地料や給与等も、大部分は日本政府が思いやり予算の中から負担しているので本末転倒である）。沖縄経済は、もはや米軍なしではやっていけないという時代をとっくに通り過ぎ、新しい局面に達している。

しかし中央政府は、こういった沖縄の声を黙殺し、アメリカに対し基地返還や整理要求の強い意思を示そうとしない。この構造は、現場沖縄守備隊の実情を無視し、東京の大本営が総攻撃を無理強いした沖縄戦の故事と全く変わっていない。沖縄戦はまだ終わっていない。

ちなみに沖縄戦の際、第32軍から大本営の理不尽な命令によって取り上げられた第9師団の命運はどうなったのか。米軍が台湾ルートを放棄したことにより、第9師団は一度も米軍と交戦することなく台湾で終戦を迎えた。これによって第9師団は無傷のまま日本に復員することができた。沖縄で多くの軍民の命が失われた一方、無理筋な移動命令が結果として幸いし助かった部隊の存在もある。歴史の皮肉としか言いようがない。

第三部
芙蓉部隊の戦い
――美濃部正の特攻拒否

美濃部正（一九一五－一九九七）

二〇〇〇機の練習機を特攻に狩り出す前に、
赤トンボまで出して成算があるというのなら、
ここにいらっしゃる方々が、
それに乗って攻撃してみるといいでしょう。
私が零戦一機で全部、撃ち落としてみせます！

――美濃部正『彗星夜襲隊』

究極の理不尽

太平洋戦争中、究極の理不尽とは特攻だったのではないか。「神風特別攻撃隊」の名前で現在でも広く知られる特攻は、数々の映画や小説、演劇の題材になっている。特攻は日本海軍の大西瀧治郎中将が最初に考案し、１９４４年10月のレイテ沖海戦で、「敷島隊」と呼ばれる１番隊が出撃して、米艦隊に体当たりしたのは有名である。しかし広義の特攻、つまり自らの命を犠牲にして敵を覆滅する――という戦法は、これ以前からあった。

特攻は、大きく分ければ陸上特攻、空中特攻、水中特攻、対艦特攻の４種類がある。まず陸上特攻は、特に敵戦車や装甲車に対して地雷を抱えた兵隊がキャタピラーの下に潜り込み自分もろとも戦車を擱座・爆破・炎上させるというもの。第一部で述べた通り、こういった戦法は「神風特別攻撃隊」以前からあった。当時は「肉弾戦法」とか「肉薄攻撃」等と呼ばれ、前の日中戦争時代にもあった。

「爆弾三勇士」という言葉を聞いたことはあるだろうか。１９３２年の第一次上海事変において、中国軍（国民党）の堅牢なトーチカを突破するために、３人の兵士が鉄条網をかいくぐりながら敵中に爆弾を持ち運び、自分もろとも敵の陣地を爆破したのだ。爆弾三勇士は当時「肉弾三勇士」等とも呼称され、日本陸軍の勇猛果敢さ、自己犠牲の精神の象徴として大きく内地で喧伝され、数々の映画が製作され銅像やレコードにもなったほどである（こういった銅像は、戦後ＧＨＱ命令によって撤去された）。

　空中特攻は、文字通り自機を敵機に体当たりさせて敵機の撃墜を企てるもので、自機が被弾したときにどうせ死ぬのなら敵機や地上の敵基地に体当たりして死にたい、というガムシャラの一心で実行した。もっともこの空中特攻は、敵機の尾翼付近に故意に自機を体当たりさせて敵機を撃墜し、あべこべに自機は生還したという例も多々あるので、純然な特攻と呼べるかどうかは微妙なところである。

　次に水中特攻であるが、これは海中に潜った特殊潜航艇などが魚雷を抱えて水中から敵艦の底部に忍び込み、自分もろとも敵艦を轟沈させるという戦法である。実はこれも「神風特別攻撃隊」以前からあった。１９４１年12月８日、日本軍がアメリカの真珠湾を奇襲したとき、その周囲の海域には5隻の特殊潜航艇が海に潜っていた。まだ日本が太平洋戦争の緒戦で勝っていた時期にすら、特攻は存在した。しかしこれらの特攻は「どうせ死ぬのなら敵を巻き添えにしよう」という意思が働いたもので、軍上層部が組織的に計画・立案した戦法ではない。「どうせ死ぬのなら敵もろともに自爆した方がまし」という考え方で自らの命と引き換えに敵を爆破する発想は、日本軍だけではなくドイツ軍やソ連軍、イタリア軍にもあった。

　しかし最後の対艦特攻は、飛行機に爆弾を積んで敵艦に体当たりすることが既定路線として作戦に組み込まれており、「どうせ死ぬのなら敵もろとも……」という考え方とは根本的に異なる。それ以前の特攻は、窮余の策として前線兵士や下士官が命の断崖に立ったときに考案された、いわば最後の機転と秘策であって、最初から作戦の中に組み込まれていたものではない。対艦特攻の代表格である「神風特別攻撃隊」は、これとは違って「どうせ死ぬのなら……」ではなく「最初から死を前提として敵を撃砕すること」が作戦の中に組み込まれていたことを以て、様相を全く異にする。自兵の死を前提とした特攻戦術が、計画的に、組織的に、そして集団的に実行されたのは日本軍以外にない。

　そういった意味で、「神風特別攻撃隊」を筆頭とする対艦特攻は、現在でもことさら特別視されている。ある者は「無駄な犠牲者」と評価し、またある者は「愛国の殉死者」として称揚する。ここでは特攻の是非を論じることはしない。しかし、事実だけを見れば特攻攻撃の戦果は芳しいものではなかった。太平洋戦争中、陸海軍延べ６０００機の特攻機が飛び立ち、それ以上の戦闘員が戦死したが、その戦果はその犠牲に見合うものでは決してなかった。レイテ沖海戦で初めて組織的な対艦特攻が実行されると、米軍は驚愕した。まさか死を前提にして日本軍機が敵艦隊にぶつかる作戦を組織的に考案するとは考えていなかったからである。

　米軍はすでに、１９４４年６月のマリアナ沖海戦（サイパン島をめぐる戦い）において、日本軍機を効率的かつ合理的に撃ち落とす新兵器を艦艇に実装していた。先述したＶＴ信管である。それまでの軍艦は、上空を行き交う敵戦闘機や爆撃機、雷撃機の接近に際して、対空砲で応戦していた。しかし飛行機は小さいから、対空砲が飛行機の翼を貫通し、撃墜に至ることはまれで、よって艦隊の防空機能は空母から離陸した護衛戦闘機の空中阻止（これを直掩《ちょくえん》と呼ぶ）によって賄われていた。

米軍はこのシステムを欠点とみなし、ＶＴ信管を開発した。ＶＴ信管は、対空砲の中に実装される砲弾の信管だが、この信管は、電波を出しながら猛進しつつ敵機に感応して、その至近で破裂する特徴を持つ。つまり敵機に弾が直接当たらなくても、その砲弾の進行線上に敵機がいれば、自動的に敵機を電波で探知して爆発して、敵機にその破片で致命傷を負わせ撃墜するという新兵器である。ＶＴ信管はアメリカがその技術力の粋を集めて作った電子兵器であった。ＶＴ信管を装着した対空砲が発射されると、２万Ｇ（普段生活する地上での重力——つまり１Ｇの２万倍）という凄まじい圧力がかかり、その砲弾は１秒間に３００〜４００回転しながら電波を出して敵機を探知する。この凄まじい重力と回転に耐え、信管が破壊されない真空管はアメリカが技術力を総動員して計画したエレクトロニクスの結晶であった。

この新兵器に対して、日本軍は全くなす術を持たなかった。というより、日本がＶＴ信管の存在を知ったのは戦後になってからであった。弾が直接当たっていないのに、自機の付近で爆発する対空砲など想像したこともなかった。ところで日本側にも三式弾というのがあって、対空戦に使用する主に大型艦船用の砲弾だったが、これはやみくもに弾を発射すると任意の地点で破裂し、その破片で以て敵機を撃墜するという仕組みで、音波を出して敵機の位置を探知するというものではなかったので命中率は著しく低かった。これに対してＶＴ信管は着実に敵機を音波で捕捉した場合にのみ、至近距離で爆発する。日本軍機はひとたまりもなかった。日本海軍が乾坤一擲、持てる航空力のほぼすべてを挙げて臨んだマリアナ沖海戦で米軍に完敗し、「マリアナの七面鳥撃ち」と米兵から揶揄されるほど無残な敗北を喫したのは、米軍の艦船にＶＴ信管が装着され、米艦隊に突入する日本軍機をことごとく空中で撃破したからである。

しかし、さしもの米軍でも対艦特攻は予想していなかった。ＶＴ信管は、その炸裂を無視してなおも超低空、急角度で突入してくる日本軍機の存在を想定していなかったのだ。これにより、「神風特別攻撃隊」は最初のうちだけごく限られた戦果を挙げた。アメリカの軽空母が撃沈され、甚大な被害が出た。

すぐに米軍は、日本の対艦特攻を警戒してＶＴ信管を改良し、超低空、急角度で突進してくる日本軍側特攻機にも射撃を喰らわせる工夫を行った。また空母艦隊にはその周囲にレーダーピケット艦と呼ばれる駆逐艦群を哨戒させ、事前に米軍の空母を目標に飛来する日本の特攻機を早期警戒し、全力で迎え撃つ準備を後方で調えていた。事程左様に、日本軍が考案した究極の肉弾戦法、すなわち「特攻」の効果は、ごく初期だけに限られていた。しかし日本軍上層部はこの特攻による緒戦の成果を過大に評価し、レイテ沖海戦以後、ひたすら特攻を主体とした対艦作戦計画を組織的に立案するようになった。

連合軍の反撃に対して、もはや特攻しか対抗する術がないのなら、戦争は終結させ素直に降伏すべきである――。現代的な考えからすればそれがもっともな解答だが、当時の大本営も政府もそう考えてはいなかった。現場からあがってくるあやふやな特攻の戦果（――戦争末期になると、日本軍の戦果報告もいい加減で、事実誤認をして過大なものが多かった）をあまりにも過大に評価し、これこそが米英に対抗する唯一の手段であるとの確信がすぐさま上層部を覆った。

よく言われるように、対艦特攻、つまり「神風特別攻撃隊」の搭乗人員は完全に志願制であったことは、まず以て事実だ。すなわち「お前が行け、命令によって特攻に行け」という強制はなかった。しかし大本営が立案した沖縄決戦や本土決戦の計画では、最初から特攻機○○○機と定数が決められていた。志願しない兵士がいたらどうするのか。特攻を拒否する兵士がいたらどうするのか。そういったことを考えないで特攻計画が立案されたということは、実質的に特攻とは志願ではなく強制に等しい愚挙なのではないか。特攻は、「滾《たぎ》る愛国心」という美辞麗句の裏に隠された無言の強制力・同調圧力によって成り立っていた。

特攻拒否を宣言

鹿児島県曽於《そお》市大隅町月野――。戦前この地は岩川村と呼ばれた。私が鹿児島を訪れるとき、どういうわけか必ず曇天である。実際の桜島は、ニュースの定点映像から想像するよりはるかに巨大で、山頂から常に噴煙があがり、対岸の鹿児島市に火山灰が恒常的に降り注いでいる。私は空港でレンタカーを借りて、旧岩川村を目指した。岩川のある曽於市は、桜島を挟んで鹿児島市の対岸にある大隅半島のほぼ中央部に位置する。一旦鹿児島市のホテルにチェックインした私は、桜島を右舷に見つつ大きく迂回して姶良《あいら》市、霧島市を東進し岩川に向かった。鹿児島から岩川までは、その行程片道約70キロである。

この地こそ、日本海軍航空部隊の中で、唯一「特攻を拒否」し、正攻法で米軍と戦った通称「芙蓉部隊」、美濃部正少佐の率いる部隊の前線基地であった。旧岩川村の周辺は戦前とは一変し、住宅や中小の工場群が林立しており、その間隙を縫って農地が延々と広がる何の変哲もない地方のありふれた風景であった。この岩川に海軍が飛行場を作った理由は現在の実地検分からも分かる。曽於市に入るとその進路は緩やかな登り坂となり、岩川一帯がわずかに突出した台地を形成している。まさに飛行場建設にはうってつけの地形が現在でも残されているのだ。芙蓉部隊の基地跡地には、戦後この部隊の関係者や遺族らが「芙蓉之塔」を作った。往時１３００メートルあったという飛行場は影も形もなく、農地や住宅地に転用されている。

岩川飛行場跡地に立つ「芙蓉之塔」(*)

「芙蓉之塔」の敷地隣には「曽於市埋蔵文化財センター」が設置されており、「岩川飛行場跡地」の目印があった。しかしその規模はごく小さく、戦後76年を経て、旧軍の滑走路は何の変哲もない住宅地に囲まれている。敷地内にあった配置図には、ここが旧滑走路の真上であることが示されているが、往時の面影は全くと言ってよいほどどこにもない。この塔なくば、ここにかつて飛行場があったことなど誰が想像しようか。そしてこの飛行場が、理不尽な特攻を拒否した美濃部少佐率いる「芙蓉部隊」の最前線基地であったことなど、ここを訪れることがなければ知る由もないのである。

美濃部少佐率いる芙蓉部隊とは何か。一言で言うと、太平洋戦争末期にあって日本海軍で初めて「夜戦」を想定した航空部隊である。夜戦とは読んで字の如く夜間に戦うことである。日本陸軍は、「夜間白兵突撃」を十八番としていた。敵が寝ている夜間に野営地に忍び込み、敵が油断している間に一挙に切り込む。これを日露戦争以来のお家芸としていた。しかし飛行機での戦いでは、レーダー技術を重視しなかった日本軍が夜間に敵機や目標を捉えることは難しいので、夜戦を行うことはごくわずかであった。

戦局が悪化し、海軍航空部隊に次々と特攻指令が出されていく中にあって、美濃部率いる芙蓉部隊だけが、夜戦専門の航空部隊として特攻に頼らない独自の戦法を考案した。「猫日課」と呼ばれる特別なスケジュールを猛訓練した。起床は午前０時、夕方には就寝する。夜間戦闘に慣れるよう、夜の間に目を慣らしておくためである。芙蓉部隊は富士山の別名〝芙蓉峰〟から取った部隊の通称で、静岡県藤枝飛行場を拠点とした。

１９４５年２月下旬、日本海軍の第３航空戦隊司令部は、千葉県の木更津でいよいよ迫りくる沖縄戦に関する研究会を開いた。この時、末席で参加していた美濃部少佐は、幹部たちの総特攻やむなしの雰囲気の中で決然として特攻拒否を宣言した。

「いまの若い搭乗員のなかに、死を恐れる者は誰もおりません。ただ、一命を賭して国に殉ずるためには、それだけの目的と意義がいります。しかも、死にがいのある戦功をたてたいのは当然です。精神力一点ばかりの空《から》念仏では、心から勇んで発《た》つことはできません。同じ死ぬなら、確算のある手段を講じていただきたい」

（中略）

「ここに居あわす方々は指揮官、幕僚であって、みずから突入する人がいません。必死尽忠と言葉は勇ましいことをおっしゃるが、敵の弾幕をどれだけくぐったというのです？　失礼ながら私は、回数だけでも皆さんの誰よりも多く突入してきました。今の戦局に、あなた方指揮官みずからが死を賭しておいでなのか⁉」

（中略）

「飛行機の不足を特攻戦法の理由の一つにあげておられるが、さきの機動部隊来襲のおり、分散擬装を怠って列線にならべたまま、いたずらに焼かれた部隊が多いではないですか。また、燃料不足で訓練が思うにまかせず、搭乗員の練度低下を理由の一つにしておいでだが、指導上の創意工夫が足りないのではないですか。私のところでは、飛行時数二〇〇時間の零戦操縦員も、みな夜間洋上進撃が可能です。全員が死を覚悟で教育し、教育されれば、敵戦闘機群のなかにあえなく落とされるようなことなく、敵に肉薄し死出の旅路を飾れます」

（中略）

「劣速の練習機が昼間に何千機進撃しようと、グラマンにかかってはバッタのごとく落とされます。二〇〇〇機の練習機を特攻に狩り出す前に、赤トンボ（筆者注　93式中間練習機）まで出して成算があるというのなら、ここにいらっしゃる方々が、それに乗って攻撃してみるといいでしょう。私が零戦一機で全部、撃ち落としてみせます！」

曽於市埋蔵文化財センターの芙蓉部隊展示コーナー（＊）

（『彗星夜襲隊』Ｐ１０６－１０７）

この時美濃部は弱冠29歳。並みいる海軍幹部を前に堂々と正論を言ってのける剛毅不屈の前線司令官であった。この美濃部の熱意を海軍の宇垣纏《まとめ》中将も認めることになり、芙蓉部隊は海軍の中でも半ば独立した部隊として認知されるようになっていく。

結局、藤枝を拠点とした美濃部のもとには、３個航空部隊がその指揮下に入る格好となった。元部隊である第９０１飛行隊のほかに、第８０４飛行隊、第８１２飛行隊が加わった。特攻隊員が前途を悲観して出撃寸前まで酒を飲んで寝ているとき、美濃部少佐の部下たちは夜戦で１機でも多く敵機を撃墜し、そして生きて帰るために徹底した訓練を毎日続けたのである。このような異色の部隊は、日本海軍航空部隊において芙蓉部隊しかなかった。若き指揮官の不屈の闘志が、特攻やむなしという理不尽な空気を切り裂き、正攻法での通常攻撃を貫徹させたのである。

特攻は、かえって搭乗員の士気を下げ、満足な戦果には至らないことを美濃部は十分に熟知していた。特攻、特攻、と掛け声だけは勇ましいが死を前提にした攻撃は搭乗員たちを絶望せしめ、まして戦果が挙がるのならばまだしも、この時期の特攻機は敵艦に届く前に米軍のグラマンに次々と叩き落とされていった。これでは犬死である。ならば正攻法で生還の可能性を残すべく猛訓練に励むことこそが司令官としての役割ではないか――美濃部はそう決意していた。そしてまた、後方の司令官が、自分の命を危険にさらさない安全地帯から特攻、特攻と絶叫している理不尽さにも、美濃部は鋭く批判の眼光を向けていたのだ。

機体よりパイロット

太平洋戦争の緒戦で大活躍した零戦は、この時期、つまり太平洋戦争後半にあってもはや旧式になり、米軍のF6Fヘルキャット等に圧倒されていた。緒戦で素晴らしい機動性を誇り、米英軍機を圧倒した零戦には致命的な欠陥があった。防御である。

アリューシャン列島で鹵獲した1機の零戦を米軍は本土に持ち帰り徹底的に分析した。なぜ零戦はあれほどの機動力を誇るのか。零戦を分解した米軍技術員は驚愕した。零戦の機体の装甲には至るところに丸いパンチ（穴）があけられており、徹底した軽量化がなされていた。この軽量化こそが素晴らしい機動性を発揮できる原動力だったのだ。米軍は日本の航空技術の高さに驚愕したが、また弱点も見つけた。装甲に穴をあけ機体を軽量化するということは、零戦は攻撃に弱い。特に搭乗員が乗るコックピット周辺の防弾構造も極めて弱かった。零戦は搭乗員の防御までも犠牲にして、機体を軽量化し機動力を高めることで攻撃をかわす設計であることが分かった。

一方、米軍機の設計は零戦のそれとは根本的に違っていた。敵機に攻撃されたとき、搭乗員が致命傷に至らないよう、コックピット周辺の鋼鉄を頑強にし、できるだけ搭乗員の脱出を優先するという設計思想だった。これがために機体は重くなり、機動性は劣る。緒戦で米軍機が零戦に圧倒されたのはこの違いゆえだった。米軍機が攻撃や機動性よりも、搭乗員の命を守るために装甲を分厚くしたのは、単なるヒューマニズムが理由ではなかった。

戦場で敵と戦える一人前のパイロットを養成するには、莫大な時間とコストがかかる。現代でも、旅客機を飛ばすパイロットになるためには、何年も訓練やフライトシミュレーターを使った模擬飛行を徹底的に行う。それと同じで、ゼロから一人前のパイロットを育成するには、莫大な手間暇がかかる。まず訓練にかかるコスト。そして当然、彼らに払う給料や食料・被服・住宅・医療福祉コスト諸々である。飛行機はぶっ壊れればまた工場で作ればよいが、優秀なパイロットはいくら金を積んでも工場から生産されはしない。飛行機１機を作るコストよりも、熟練した１人のパイロットを養成するコストと時間の方がはるかに長大である。米軍が機体の設計に際して、搭乗員の命を優先させたのはこういった合理的な考えに基づいたものだった。

　事実、日本海軍は太平洋戦争開戦時には世界トップレベルの優秀なパイロットを豊富に抱えていた。奇襲だったとはいえ、練度の高いパイロットが多数いたからこそ真珠湾攻撃は成功したのだった。しかし１９４２年６月のミッドウェー海戦で日本海軍が主力空母４隻を失うという手痛い敗北を喫すると、優秀なパイロットも海の藻屑になってしまった。さらに同年から１９４３年ごろまで繰り広げられたラバウル、ソロモン、ニューギニア方面での航空消耗戦で、優秀なパイロットはことごとく戦死してしまった。

　１９４４年、日本海軍が乾坤一擲マリアナ沖海戦で米艦隊と戦うとき、搭乗員の練度は著しく低下し、空母からの離陸は何とかできるが着陸ができず、そのまま失敗して海に突っ込む、という有様が続出した。もはやこの時期の日本海軍の航空部隊は、生き残った少数の熟練パイロットに率いられた新兵ばかりで、訓練時間も緒戦に比べて著しく短いものだった。これが日米の命運を分けた。そうこうしているうちに、米軍機はどんどん進化していき、遂には零戦を凌駕した。戦争後半になると零戦はヘルキャットの格好の餌食となり、「ワンショットライター」と揶揄されるようになった。つまり一発零戦に弾を打ち込めばライターのように発火して撃墜されることからこう呼ばれたのである。

美濃部の発想は明らかにアメリカに近かった。訓練時間の短い、最低限離陸だけできればよい（――特攻なので着陸の必要がないから）という程度の教育しか受けていない新兵を旧式の戦闘機に乗らせて敵艦に突っ込ませるのは無意味である。それならば創意工夫して少しでもパイロットの練度を高め、正攻法で臨んだ方が勝算がある。飛行機は工場で作れるが、熟練パイロットは教育でしか作り得ない。そしてその教育は、一過性の金銭には代えられない価値を持っている。美濃部が頑なに特攻を拒否した思想の根幹にはこういった教育精神と合理主義があった。

夜間銃爆撃の戦果

芙蓉部隊が主力としたのは、海軍艦上爆撃機である「彗星」であった。彗星は、海軍航空技術廠がその英知を集めて設計した爆撃機で、民間会社である愛知航空機が戦中に約１８００機を量産した機体である。しかしその高度な能力ゆえに、特殊な「熱田」と呼ばれるエンジンの整備が難物で、現場からは「取り扱いが複雑で難しい」と嫌厭《けんえん》されていた。美濃部はこの彗星に目を付けた。戦局が日を追うごとに悪化し、使用可能機が見る見るうちに減少していく当時にあって、嫌厭された彗星だけは何とか数をそろえることができたからだ。

芙蓉部隊の初陣は沖縄戦であった。藤枝から飛び立った芙蓉部隊の一群は、沖縄戦で日本軍側の拠点となった鹿児島県鹿屋航空基地に前進した。芙蓉部隊は夜間に米軍を襲撃するので、沖縄の地理を徹底的に頭に叩き込んでおく必要があった。昼間なら地形でどこを飛んでいるか分かるが、レーダーに乏しい当時、真っ暗な夜に自機がどこを飛んでいるか、目標地点にどのくらい近づいているかは経験とカンが頼りだった。そこで美濃部は搭乗員たちに沖縄の地形を叩き込むべく、２メートルの沖縄本島の縮小立体模型を作らせ、地理的概要を徹底的に教育した。

１９４５年4月1日、米軍は正面兵力20万、後方予備を含めると実に50万の大兵力で以て沖縄本島読谷付近に上陸した。沖縄戦の様相は第二部に書いた通りであるが、日本陸海軍は沖縄戦に際して、陸軍機８８７機、海軍機９４０機の合計約１８００機の特攻機を出して、約２６００人の特攻隊員が戦死した。これに対して米軍に与えた損害は、駆逐艦、輸送船など十数隻を撃沈したのみで、肝心の空母・戦艦には1隻の撃沈もなかった。これはすでに述べたように、米軍が日本の特攻戦術を研究し、空母機動艦隊の周辺にレーダーピケット艦を浮かべて早期警戒を行い、特攻機を事前に空中で叩き落としたためである。沖縄陥落以降、大本営は本土決戦に備えて特攻機を出し惜しみし温存するようになっていった。

この沖縄戦で、特攻以外に唯一、米軍に対して被害を与えた航空部隊は芙蓉部隊だった。芙蓉部隊の初陣での戦果は、巡洋艦２隻、輸送船２隻にロケット弾命中、輸送船１隻を銃撃で炎上させるというもので、いずれも彗星と零戦による夜間銃爆撃での戦果だった。芙蓉部隊はこのほかにも数次にわたって夜間地上銃爆撃を行っている。米軍に占領された沖縄の北・中飛行場に対して夜間襲撃を行い、北飛行場の滑走路に爆弾を投下、大炎上させる戦果が挙がった。それ以外にも、連続夜襲攻撃を絶え間なく続けた芙蓉部隊は、飛行場を爆撃し続け、着陸していた米軍戦闘機を多数破壊するなど、神出鬼没ながら地道な夜間戦闘を貫徹した。夜間戦闘に拘った美濃部の執念が遂に実るときが来たのである。

こういった戦果があったものの、芙蓉部隊側の損害・損耗も著しかった。芙蓉部隊の基本基地は静岡県の藤枝であることはすでに述べた。美濃部は、夜襲から戻ってきた疲弊したパイロットを後方の藤枝に送って養生させ、藤枝で訓練させた新たな補充員を前線の鹿屋に送る、という戦法を採った。

藤枝に補充用機がたまり、搭乗員が腕を上げると鹿屋へ送り出し、沖縄戦で疲労した搭乗員を藤枝へ帰す、というのが芙蓉部隊の方針である。前進基地と後方基地の役割をはっきり区分し、これほど理想的に戦力の水準を保ち続けた部隊は、海軍広しといえどもほかにない。

（『彗星夜襲隊』Ｐ１６６-１６７）

こうした地道な夜間襲撃を繰り広げたことで、芙蓉部隊の実力は広く知られるようになった。そしてこうした地道な戦果が、「美濃部のところからはなぜ特攻を出さないのか」という外野からの声をぎりぎりで押しとどめる最大の要因になった。特攻ありきで作戦を立てていた海軍の幹部たちも、芙蓉部隊による戦果を認めざるを得なくなっていった。美濃部の粘り勝ちであった。

天才的な偽装工作

１９４５年６月23日、沖縄守備隊第32軍が沖縄本島南端の摩文仁で玉砕すると、生き残った日本兵のゲリラ的抵抗を除き沖縄戦は終結した。遮二無二続けた割に戦果の乏しい特攻作戦と、粘り強い夜間襲撃を繰り返して米軍を翻弄し損害を与えた芙蓉部隊の戦法のどちらが正しかったのかは書くまでもないであろう。

芙蓉部隊は前線基地を鹿屋から北に約20キロのところにある岩川に移した。これが前述した岩川飛行場である。この岩川には１９４３年ごろ、海軍が用地を回収して造った不時着用の小

芙蓉部隊の活躍と終戦直前の戦線（ヨーロッパ戦線は消滅）

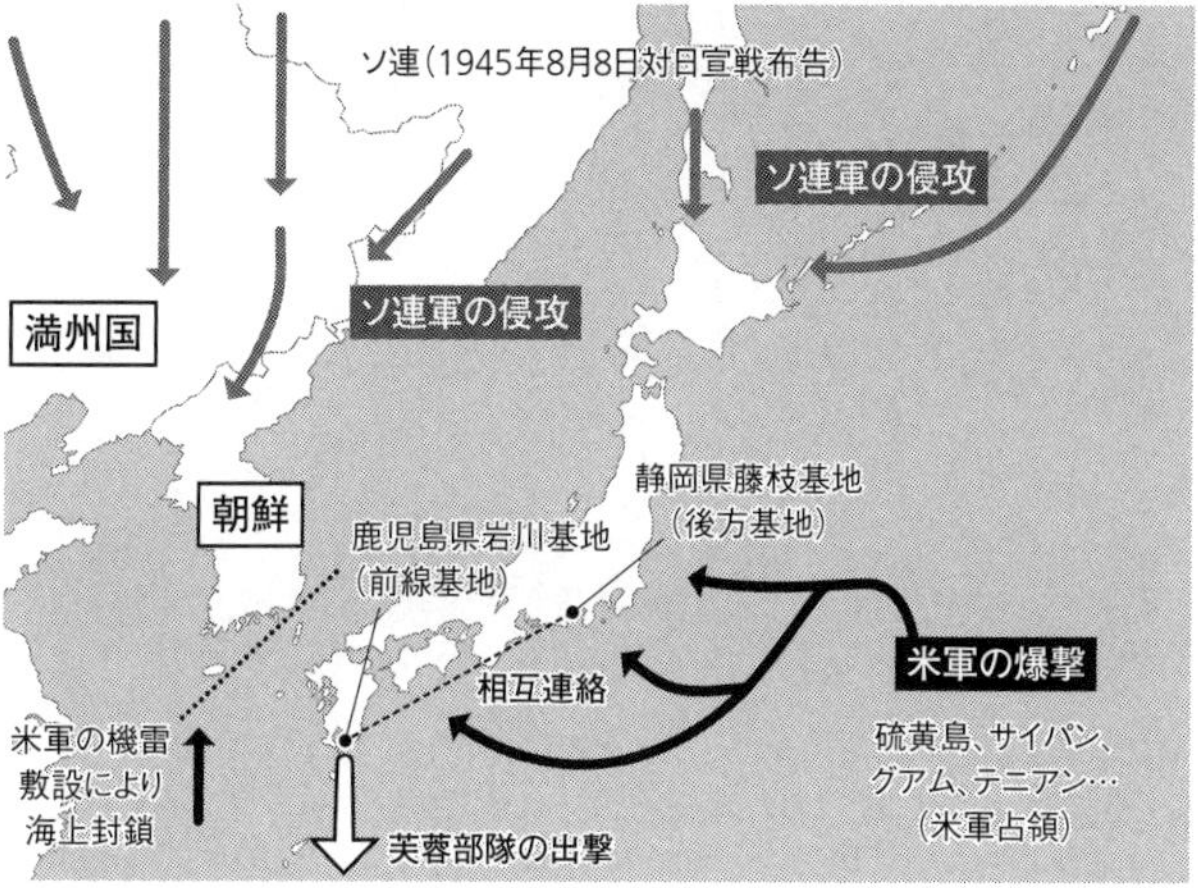

さな滑走路があったが、事実上放置同然で、美濃部は上層部から許可をもらい岩川を芙蓉部隊の本格的前線基地としたのである。

　このころすでにサイパン、硫黄島を攻略した米軍は、日本本土をB－29によって猛爆撃していた。まず１９４５年３月10日の東京大空襲を皮切りに、川崎、横浜、名古屋、大阪、神戸、福岡など太平洋ベルトの大都市部に焼夷弾の雨が降り注いだ。米軍は大都市部への無差別爆撃のほかに、艦載機で執拗に日本側航空基地をも叩いた。これによってただでさえ稼働機数が日を追うごとに減少していく日本側航空機は、離陸する前に地上で撃破され、日本側の航空戦力は壊滅寸前であった。

　芙蓉部隊が岩川を新しい前線基地としたとき、一番の難題は米軍の空襲からいかに逃れるかであった。米軍は爆撃前に偵察機を飛ばし、入念な作戦を練ってから一気に襲撃してくる。せっかく育て上げた夜襲部隊が離陸前に叩き潰されたのでは何の意味もない。ここで美濃部の天才的才能がいかんなく発揮された。岩川基地の偽装工作である。

普通、飛行場を使用するときは、周囲の雑草を薙ぎ払い、作物は全部刈り取って飛行機が離着陸しやすいようにする。しかし美濃部は逆のことをやらせた。現地の村人に、滑走路の周辺に作物を育てさせ、いかにも農地であるように偽装したのである。美濃部の工夫はこれだけではない。

> 滑走路と誘導路は農民の助けを借りて芝を植え、上空からの発見困難をはかったが、離着陸がかさなればめくれ上がる。そこで、降雨後の地面対策も兼ねた金網を敷いた（すき間から芝が生える）うえ、一〇名の専従作業員に草を刈らせ、露出面をつねに青草でおおうようにした。また、周囲に牛一〇頭をつなぎ、昼間は移動式の家屋四棟を滑走路上に置いて牧場に見せかけた。智将・真田幸村も真っ青のカムフラージュだ。
>
> （中略）
>
> 在地機は五〇ヘクタールの林の中に引きこんで、木の枝を乗せてカバーした。一回や二回ならなんとかなっても、枝の葉は三日もたてば茶色に変わる。そのつど新鮮なものが五

〇機分もいるから大変な量だ。美濃部少佐は村と交渉し、伐採代として二ヵ月間に二万円（現在の約四〇〇〇万円）を支払った。

これほど秘匿しても、どこかの基地を攻撃して帰る敵機が、置きみやげに付近を銃撃していくかも知れない。そのとき在地機が炎上すれば発覚してしまうから、面倒でも出撃時以外は全機ガソリンを抜いておくのだ。

（『彗星夜襲隊』Ｐ２１８-２２０）

こうした美濃部の執念とも言える偽装工作が奏功して、米軍は終戦まで岩川基地の存在を知らなかった。岩川の存在を米軍が知るのは戦後になってからである。美濃部は米軍偵察機の精緻な地上偵察にも打ち勝ったのだ。

しかしこうした創意工夫は、移動式の家屋という驚天動地の発想を除けば、努力によって現地で賄えるものばかりである。作物も金網も牛も木の枝も、物資が窮乏する戦争末期の当時にあってもすべて現地で手に入るものだった。よく考えれば美濃部の驚異的な偽装技術は、すでにある持てる資源を合理的にやりくりして生み出されたものだ。

だが凡の指揮官は、こういった「今ある手持ちの資源を最大限に生かして創意工夫する」という当たり前のことを怠った。特攻、特攻という掛け声が頭の中を支配しつくし、圧倒的な物量で迫る米軍に対して、劣勢ながらも工夫するという発想がなかった。美濃部が特別だったのではなく、他の指揮官にそういった発想がなかったのだ。100万円しか予算がなく納期まで1カ月しかないのなら、その範囲内で考え得る最高のものを作る——。美濃部の創意工夫の中には、軍人でありながら、何かしらそういった作家性のようなものが感じられる。いや現代風に言えばクリエイターと言った方が正しいのかもしれない。

すべてが手遅れ

沖縄が陥落して日本が敗戦を迎えるまで、実に2カ月弱。この間も芙蓉部隊は果敢に出撃した。沖縄を占領した米軍は急ピッチで飛行場を修復し、あっという間に航空戦力を増大していった。中でも芙蓉部隊にとって強敵だったのは、沖縄北部の伊江島飛行場に進出した新型戦闘機ノースロップP-61である。P-61は強い火力と邀撃専用レーダーを誇る米軍の最新型夜戦機で、さしもの芙蓉部隊もこれには逃げるしか手がなかった。しかし1945年6月10日、このP-61に偶然にも奄美諸島近海で遭遇した芙蓉部隊の彗星は、逃げ回りながらもP-61を猛射し、これを撃墜した。日本軍夜戦部隊で、戦時中を通してP-61を撃墜したのはこの1例しかない。

1945年7月になると、いよいよ日本軍側の戦力は尽き果てようとしていた。米軍は、北は北海道の十勝から南は宮崎・鹿児島までを爆撃し、いよいよ中小の地方都市までもがB-29

と艦載機によって攻撃される有様となっていった。１９４５年7月26日には有名なポツダム宣言が米英中の3国首脳の連名で出され、日本側に事実上の無条件降伏を迫った。こうなってもなお、大本営は本土決戦を計画し、準備に邁進していた。

邁進していたと言っても、その実情は関門海峡や対馬海峡を機雷で封鎖され、本土と大陸・朝鮮との連絡が絶たれたほか、南方との連絡も寸断されたため、中国や台湾、南方に散らばっている兵力を日本本土に呼び戻すことが物理的にできず、内地の退役軍人や在郷軍人が指揮して民間人を徴発した国民義勇隊を組織し、10人に1丁とか20人に1丁の割合で小銃が配られただけで、所謂竹槍、カマ、鋤、鍬を武器として米軍に一矢報いんとするという、考えられない終末感が漂っていた。

日本陸軍の組織も、本土決戦用に大きく改編された。本土を東京に司令部を置く第一総軍と、広島に司令部を置く第二総軍等に分けた。これは米軍が日本本土に侵攻し、東京と地方の物理的連絡手段が途絶えた場合に備えて、各部隊が在地で独立して指揮を執るためのものだったが、実際には何の意味もない改編であった。天皇の疎開もひそかに検討され、長野県松代には、本土決戦で東京が占領されたときにひそかに大本営を移して最後まで抵抗する司令部として通称松代大本営の地下陣地が構築され、いざというときはそこに天皇一家を疎開させる手はずを整えていた。

内地に残された日本陸軍の中で唯一戦力として期待されたのは、精鋭部隊として知られる近衛師団であったが、これは「決戦師団」として東京が米軍の攻撃を受けたときは市街地で米軍にできるだけ出血を強要し、その後は東京の地下鉄に潜伏して抵抗する計画を立てていた。

日本海軍は、事実上レイテ沖海戦で壊滅したが、最後に残った戦艦大和率いる、軽巡洋艦矢矧以下の小艦艇で、航空支援がないまま最後の沖縄出撃を行った。前述した大和特攻である。が、沖縄に到達するはるか手前の九州南端の坊ノ岬沖で米軍の攻撃に遭って事実上全滅した。戦艦大和は山口の徳山湾沖から出撃したが、出撃した時点で米軍の偵察機にその行動が察知されていたという体たらくだった。

すべてが手遅れだった。１９４４年７月、サイパン島失陥の責任を取って東条内閣は総辞職した。代わって陸軍の小磯國昭、海軍の米内光政の連立内閣になったが、これも１９４５年４月の米軍の沖縄上陸を防げなかった責任を問われて総辞職し、同月海軍の鈴木貫太郎が組閣した。鈴木は、当時まだ中立国で、従前から連合国との仲介役として期待していたソ連を通じての講和を水面下で模索したが、結局は失敗した。ソ連首相スターリンは初めから日本の講和仲介など論外だと考え、着々と対日戦の準備を進めていたのである（１９４５年８月８日に対日宣戦布告、後述）。

本書コラム「２つの政府」の中で、二重政府と書いた。戦時中の日本は政府と大本営という

２つの統率機関があり、その二者をつなぐ「大本営政府連絡会議」というブリッジが存在して両者の調整を図るという、極めて非効率的な意思決定システムを持っていた。が、さすがに戦局が悪化して日本の尻に火がついてくると、小磯内閣組閣時の１９４４年８月にこの大本営政府連絡会議は「最高戦争指導会議」と改称されて、ようやく大本営と政府の一元的な意思決定が可能となりつつあったが、最初からそうしておけばよかったという話で、時すでに遅かったのであった。

この時期にはもう、日本側航空部隊はほとんどすべてが本土決戦用の特攻機として温存される方針が決まり、Ｂ－29に対しての邀撃行動は「無意味」と判定されほとんど行われなくなった。日本軍は本土決戦を１９４５年の秋ごろと想定して、その上陸地点を南九州、および房総半島か湘南地帯と考えて（――この予想は米軍の計画とほぼ同じであった）、民間人を総動員して水際陣地の構築に邁進したが、すでに物資不足と機材不足で円滑な陣地構築は無理な話であった。

日本軍はできるだけ偽装工作をしようと、市街地から電柱を引き抜いて塗装して海岸に並べ、いかにも対艦砲があるかのように装ったが米軍の偵察機にはすべて見抜かれていた。美濃部の行った究極の偽装工作に比べれば何の創意工夫もない稚拙なものだった。米軍機が東京や大阪の空を悠々と飛行して、遊び半分に銃撃を浴びせてくるのに、日本側から１機の迎撃機も出撃しないことに、いよいよ日本国民は敗戦を肌で感じるようになってきた。

しかしこのような状況にあっても、たったひとつだけ押し寄せる米軍を攻撃する部隊があった。それが芙蓉部隊である。

芙蓉部隊、解散

1945年7月28日、芙蓉部隊の天敵であるP－61の離着陸拠点であった伊江島の飛行場を襲撃し滑走路に命中。7月末までに芙蓉部隊は沖縄の米軍を6回にわたって爆撃した。この時、日本軍側でまともに米軍を攻撃できるのは芙蓉部隊のみとなっていた。

しかしさしもの芙蓉部隊の活躍もここまでであった。1945年8月14日、日本政府はポツダム宣言を受諾、翌8月15日国民向けに天皇から玉音放送が行われ、長い長い太平洋戦争は230万人の軍人軍属の戦死者と、2発の原爆被害者を含む80万人もの民間人犠牲者を出して終結した。芙蓉部隊では「まだこれだけの飛行機が残っているから戦える。敗戦など承知できない」という声もあがったが、美濃部がそれを押しとどめた。美濃部は残った飛行機で、隊員らが故郷に帰る手はずを整えた。組織的な意思で、隊員らの帰還に自部隊の飛行機を使ったのは芙蓉部隊が日本軍の中で唯一である。終戦から6日たった1945年8月21日、美濃部は残った部下に最後の訓示を伝えた。

「この戦争は敗れた。だが一〇年たてば、ふたたび国を立てなおす可能性が出てくるかも知れない。この間、自重し、屈辱に耐えてがんばってもらいたい。一〇年ののち、ここにもう一度集まろう」

（『彗星夜襲隊』Ｐ２８０）

こうして芙蓉部隊は名実ともに解散した。美濃部の言葉通り、戦後日本経済は朝鮮戦争特需によって、10年後には戦前の最高水準を回復した。そこから、奇跡の高度成長が始まっていく。美濃部は戦後、１９５４年に発足した航空自衛隊に招かれ、最終的には空将になった。空将は、航空自衛隊のトップである。１９７０年に退職すると民間会社に再就職した。晩年の美濃部は、病床で自伝の執筆にとりかかった。『大正っ子の太平洋戦記』である。そこで美濃部は、太平洋戦争全般を総括し、こう述べている。

日本民族が自国中心の国家体制を最善と考え、アジア諸国に強要した独善性の過ち。問題はこの教訓を正しく認識して、同様の過ちを次の世代に繰り返さない事である。平成っ子達よ、君達は別の意味の太平洋戦争を繰り返そうとしている!!　平和戦争反対、経済繁栄、自由、生活環境の保全。これが君達の21世紀に向けての世論だ。しかし、このような虫の良い独りよがりが世界に通ずるものか。

（中略）

平成の若者よ、心から平和安定を願うなら、日本人の生活を50％切り下げよ。そのお金で飢餓民族の経済発展を支援せよ。今の日本人にその覚悟と実行力なくして世界平和を唱える資格は無い。

（『復刻版　大正っ子の太平洋戦記』Ｐ４１１）

１９９７年、美濃部は81歳で没した。大正時代に生まれ激動の昭和を生き抜き、平成で没した美濃部の親族に向けた遺言は「二度とあのような馬鹿な戦争をしてはならない」であった。

コラム ナチス・ドイツとの完全な決別――敗戦国ドイツのその後

本書で述べた通り、１９３９年９月にドイツがポーランドに侵攻して第二次大戦が勃発、ポーランドは奮戦したものの約１カ月でドイツに降伏した。ポーランド軍は、第一次大戦から続く伝統的な騎兵部隊でドイツ軍の近代的戦車部隊に対抗した。勝敗は戦う前から決していた。ドイツ侵攻前に締結された独ソ不可侵条約（モロトフ＝リッベントロップ協定）には秘密事項があり、ポーランドの東部をソ連に割譲することが決定されていた。ポーランドはこうしてドイツとソ連に分割されて世界地図から消えた。

ドイツ軍はポーランド降伏後、しばらくしてフランス方面に兵力を転進させ、オランダ、ベルギー、ルクセンブルクを次々と占領し、一挙にフランス本土に戦車部隊を侵攻させる（西方電撃戦）。１９４０年６月にはパリを凄まじい進撃速度で陥落させ、フランスを屈服させる。フランス北部のダンケルクでは、英仏軍を完全に包囲したものの、その大半を英本土へ遁走させてしまう失敗を犯したが、それを差し引いてもドイツの対フランス戦は圧勝に終わった。

ヒトラーは続けざまにイギリス本土上陸を計画するが（アシカ作戦）、バトル・オブ・ブリテン（イギリス本土航空戦）で敗北したためこれを断念。１９４１年６月22日にはソ連に宣戦布告して独ソ戦が勃発。１９４１年12月８日、日本の真珠湾攻撃により日米が開戦すると、ヒトラーは日独伊三国同盟の精神を尊重するとしてアメリカに宣戦布告した。これにより戦争は地球規模に拡大した。日独伊三国同盟は防衛同盟で、構成国が他国に宣戦布告しても共同連帯して攻撃する義務を持たなかったが、ヒトラーは抵抗するイギリスやソ連の背後にアメリカがいるとして、真珠湾攻撃を契機に対米宣戦布告に踏み切ったのである。

　史上最大の地上戦である独ソ戦は、当初ドイツ軍が猛烈な快進撃を見せたが、モスクワを目前にして厳しい冬が到来、冬季装備に乏しいドイツ軍の進撃は止まった。翌１９４２年春、ドイツ軍は雪解けを待って再度の大攻勢に出たが、ソ連南西部の工業都市スターリングラード（現・ヴォルゴグラード）でソ連軍殲滅に失敗、逆にドイツ軍約33万人がソ連軍に包囲され降伏した（１９４３年1月末）。このスターリングラードの戦いは独ソ戦の決定的転換点となり、第二次大戦の天王山と呼ばれるようになる。以後、ソ連軍は苦戦しながらもドイツ軍を徐々に追い詰めていく。

　１９４４年6月、連合軍は欧州に第二戦線を形成するべく、フランス北部のノルマンディーに上陸する。世に言う「史上最大の作戦」である。駐仏ドイツ軍は怒濤の如く押し寄せる連合軍に対抗できず、8月、パリ解放を余儀なくされ、ドイツ本国に防衛線を敷いて撤退作戦に徹する。

　一方、同じ１９４４年には、緒戦の痛手から完全に再建されたソ連軍が大攻勢をかけ（バグラチオン作戦)、ドイツ軍に占領されたベラルーシ、ウクライナ方面を奪還。独ソ戦開始前のソ連領をほぼ取り戻した。ドイツは東からソ連、西から連合軍の挟撃を受ける格好となった。

１９４４年の年末にはドイツの敗色は濃厚となり、ドイツ軍はアルデンヌ(主にベルギー南東部)で最後の反撃を行い(バルジの戦い)、一時は連合軍を攪乱したものの失敗。ドイツ軍は敗走する。

米英軍、そしてソ連軍の空襲によりドイツ国内の主要都市は無残に壊滅し、ドイツは継戦能力をほぼ失った。１９４５年４月、東から迫るソ連軍はオーデルナイセ線(現在のドイツとポーランドの国境)を突破し、ベルリン手前のゼーロウ高地でも圧倒的な物量によりドイツ軍を粉砕してベルリンに突入。猛烈な市街戦を経てヒトラーはベルリンの地下壕で拳銃自殺した。ナチス高官や、ナチス宣伝相ゲッベルスも、家族もろとも自決した。ソ連軍に発見されることを恐れて、ヒトラーの死体は親衛隊の手でガソリン焼却された。

同年５月７日、ドイツ国防軍のデーニッツ元帥から指令を受けたヨードル大将が連合国に対する降伏文書に調印した。一方ソ連に対しては８日、カイテル元帥が降伏文書に調印した。名実ともにナチスは消滅し、ドイツは無条件降伏した。

戦後ドイツは、その東側をソ連、残る西側を連合国の米英仏に分割占領されることになった。特に重要である首都のベルリンは、米英仏ソの４カ国共同統治になった。この分割占領がドイツ分割の基本路線となり、1949年5月、ボンを首都とする西ドイツが成立。続いて同年10月にはソ連が管理する東ベルリンを首都とする東ドイツが成立してドイツの東西分割が固定化され、冷戦期に入る。

この間、ナチスの戦犯を訴追するニュルンベルク裁判が行われ、ナチ党の幹部、ドイツ国防軍の幹部らが死刑判決を受けた(ソ連に降伏交渉したカイテル元帥はこの裁判で死刑になった)。第一次大戦、第二次大戦という二度の大戦争の引き金を引いたドイツへの占領統治は過酷なものだった。連合国はドイツの徹底した非工業化を図り、ドイツを農業国とするモーゲンソー・プランも検討されたが、ソ連との対立が始まったことで、この方針は幻になった。

西ドイツの復興は、戦争で壊滅したインフラの修復から始まった。ドイツ経済の心臓部であるルール工業地帯は連合軍の空襲で壊滅していたため、まずこの復旧が急務となる。アメリカはマーシャルプランを採用して西ドイツ復興を後押しした。また西ドイツはソ連占領地から避難してきた大量の難民であふれかえっており、良質で安価な労働力は再建の重要な基礎となった。1950年代、西ドイツは戦前の工業生産水準を回復し高度成長が始まる。所謂「西ドイツの奇跡」である。

一方、ソ連の庇護を受けて独立する形となった東ドイツは、ソ連への懲罰的な賠償(工場施設の持ち去り、インフラの持ち去り、賠償金賦課等)により経済再建に苦しんだ。だが冷戦が始まると、西側と国境を接する最前線となり、共産主義国家として再工業化が図られた。

　東ドイツの復興は西ドイツに比べて遅れたが、もともと高度な技術力と良質な労働者が存在したため、１９７０年代には「社会主義の優等生」と呼ばれるまでに国力が伸長した。しかし政治的にはモスクワの顔色をうかがわなければならず、ドイツ統一（１９９０年）までは、共産圏の一員として、東欧における最大のソ連軍駐屯地が置かれた。

　東西ドイツの特色は、ナチス・ドイツとの完全離別である。つまり東西ドイツは、ナチズムを完全否定し、「ナチス・ドイツとは全く別の新しい国家」として戦後を出発させた。それでも西ドイツは、道義的観点から、ナチス時代に迫害したユダヤ人や周辺国に対して賠償を行ったが、東ドイツは「我々はナチスとは完全に別の国家」という建前を取ったため、ユダヤ人等への賠償については消極的であった。

　１９９０年、東ドイツが西ドイツに吸収される形で統一ドイツがスタートし、統一ドイツとして賠償を行うことになった。有名なベルリンの壁（西側管轄区域の西ベルリンを東ドイツが壁や有刺鉄線で囲んだもの）が撤去され、統一ドイツの首都は戦後四十数年を経てベルリンに戻った。

　現在ドイツは、ＥＵから離脱したイギリスに代わって、フランスと共にＥＵの主要国の地位を築いている。ドイツは第二次大戦まで固有の領土としていた東プロイセンを敗戦によりソ連に割譲し、オーデルナイセ線以東の領土をポーランドに譲り渡して現在の国境線が確定した。中世にドイツの東方植民拠点として大いに栄えた東プロイセンのケーニヒスベルク（現・カリーニングラード）は、ソ連崩壊後ロシア連邦に受け継がれ、現在でもロシアの飛び地になっている。

コラム　ドイツへの宣戦布告が評価された戦後処理――敗戦国イタリアのその後

　イタリアではドイツに先駆けて、ムッソリーニ率いるイタリア・ファシスト党により世界最初のファシスト国家が成立した（１９２２年）。翌１９２３年、当時まだ、保守的なドイツ南部を権力基盤とする一介の地域政党に過ぎなかったナチ党党首のヒトラーはこれに触発され、南部の都市ミュンヘンで共和国（ヴァイマール）政府に対してクーデターを起こす。このミュンヘン一揆は失敗し、ヒトラーは投獄される。投獄期間中にヒトラーが支持者から差し入れされたタイプライターで記述したのが、ヒトラー唯一の著書にしてナチス・ドイツの精神的根幹になった『我が闘争』であった。

　イタリア型ファシズムとナチズムの最大の違いは、前者は伝統的なカトリックの勢力と結託したが、後者は宗教勢力そのものを弾圧して人工的なナチズムに恭順させようとした点だ。

　イタリアはドイツとは違って第一次大戦の戦勝国であり、北アフリカに広大な面積を有するリビアとアフリカ北東部のソマリランド（現・ソマリア）を植民地として有し、米英仏日と共に列強に数えられた。しかし第一次大戦でイタリアが獲得した領土はムッソリーニにとっては不満だった。１９２９年に世界恐慌が起こると、ただでさえ貧弱な工業国だったイタリアはたちまち大不況に陥り、ムッソリーニは対外侵略で国民の不満を逸らそうとした。１９３５年、イタリアはエチオピアに侵攻してこれを併合（第二次エチオピア戦争）。第二次大戦直前の１９３９年４月には、ゾグ王国（現・アルバニア）に侵攻してこれを併合する。

このような度重なる侵略的傾向からイタリアは英仏から警戒され、１９３３年に成立したヒトラー政権に急速に接近するようになる。だが、１９３９年９月のドイツ軍ポーランド侵攻で第二次大戦が始まった際、枢軸国として英仏に宣戦布告するかどうかは、イタリア軍内部でも慎重意見があり対立した。イタリアはドイツと違って北アフリカの植民地（リビア）、および東部アフリカ（エチオピア・ソマリランド）でイギリスと国境を接しているほか、いざ戦争となれば地中海でも精強なイギリス艦隊と対決しなければならなかったからだ。

第一次大戦当時、イタリアは航空王国とされ世界でも最先端の航空技術を有したが、それから四半世紀が経過した第二次大戦勃発当時には、イタリアの航空技術は完全に時代遅れとなっていた。仮にドイツと組んでも、イギリスに対抗できないので戦争には反対――そのように唱えた急先鋒が当時空軍元帥、空軍大臣、リビア総督などの要職を務めたイタロ・バルボ将軍である。

バルボはナチスを嫌い、英仏と協調するべきだと訴えて最後まで戦争に反対した結果、好戦論者のムッソリーニとの対立が深まった。バルボの主張はイタリア軍内部からも一定の支持を集めていた。当時世界第５位、ヨーロッパに限ると英仏に次ぐ第３位の強大な海軍力を持つイタリアであっても、世界最強のイギリス艦隊に対抗するのは不可能だと映ったからである。
それでもムッソリーニは、ドイツ軍によるパリ占領を見届けてからのち1940年6月10日、英仏に対して宣戦を布告。その直後の6月下旬、バルボの乗った航空機はリビア上空で事故に遭いバルボは墜落死する。一説にはムッソリーニが仕掛けた暗殺ともされる。ここに独伊の枢軸VS.英仏の連合軍の戦争構造が決定した。

ムッソリーニは「イタリア語がイタリア語で聞こえる範囲」（――すなわち、アドリア海のバルカン諸国側等）を自国の勢力圏に取り込む構想を夢想し、それを「未回収のイタリア」と呼んで参戦を決定した。イタリア軍は北アフリカのリビアから英領エジプトを目指して東進を開始した。緒戦は進撃に成功したが、装甲があまりにも貧弱な豆戦車と歩兵主体のイタリア陸軍はイギリス軍の反撃に遭い、侵攻は止まる。ムッソリーニが勇んで始めた対英戦争は、早くも北アフリカで頓挫した。

業を煮やしたヒトラーは、智将ロンメルを北アフリカ戦線に送り、寡兵で以てイギリス軍を攪乱して大激戦になった。ロンメルは敵英軍をして「砂漠のキツネ」の異名をほしいままにした。しかし物量で押すイギリス軍により北アフリカ戦線は独伊の敗北で終わり、ロンメルは本国ドイツに帰った（ロンメルはのちに、1944年7月に起こったヒトラー暗殺未遂事件に関わったとして、ヒトラーにより死刑=自死強要になっている）。

一方、地中海に睨みを利かせるはずだったイタリア艦隊は、戦争開始直後から燃料が不足し、イギリス艦隊を恐れて積極的な攻勢を取らなかった。そうこうしているうちに、1940年11月、イギリス空母艦載機が南イタリア最大の海軍拠点タラントを空襲した（タラント空襲）。これによりイタリア海軍は虎の子の戦艦3隻を事実上失い、地中海の制海権を喪失した。停泊中の戦艦部隊を空母艦載機によって撃沈せしめたイギリスの大戦果は、日本海軍によって徹底的に研究・分析され、真珠湾攻撃における重要な前例となったのである。

1943年7月、米英を中心とした連合軍はイタリア半島の「つま先」に位置するシチリア島に上陸、これを占領した（ハスキー作戦）。続いて連合軍はイタリア本土への上陸を開始し、いよいよ戦局は風雲急を告げる状況となった。当時イタリアには駐伊ドイツ軍がいて頑強な抵抗を続けたが、徐々にイタリア半島の北部に後退していった。7月25日、王党派のバドリオ将軍がムッソリーニに逮捕状を発行し、ムッソリーニは監禁された。独裁者のあっけない失脚であった。

バドリオは連合国と休戦協定を結び、1943年9月、イタリアは連合国に降伏すると共に、今度は逆に連合国側に立ってドイツに対して宣戦布告した。駐伊ドイツ軍は南北に長く中央部に山脈があるイタリア半島の天然地形を生かし何重にも陣地を構築し、連合軍の進撃を妨げ、イタリア戦線における戦いはドイツ降伏まで続いた。

逮捕・監禁状態にあったムッソリーニはドイツ軍の特殊部隊によって救出され、イタリア北部の町・サロを政府所在地とするファシスト国家の樹立（イタリア社会共和国）を宣言してドイツに味方した。しかしそのムッソリーニも、ドイツ劣勢の中、ヒトラー自決の直前である1945年4月28日、パルチザンによって北イタリアで処刑された。こうしてイタリアの戦争は終わった。

戦後、イタリアはドイツと違って分断国家になることはなかったが、海外植民地はすべて没収される。イタリア北東部のユーゴスラビアに隣接する貿易港トリエステは、結局イタリアとユーゴに分割されて今に至っている。戦後イタリアは、半島全土にわたって続いた地上戦の荒廃の中から逞しく復興し、1960年代には高度成長を達成して「イタリアの奇跡」と呼ばれた。戦前、イギリスよりも圧倒的に劣後したGDPが、一時期はイギリスを凌駕するほどまでの工業国として生まれ変わった。

枢軸国にあって、ナチス・ドイツが主、イタリアが従であったこと、1943年の時点でムッソリーニを逮捕しドイツに宣戦布告してナチスと戦ったことなどが考慮され、連合国によるイタリアへの賠償請求はドイツに比べれば緩やかなものだった。ニュルンベルク裁判のような戦犯の訴追（国際軍事裁判）も、イタリアに対しては行われなかった。また戦後、イタリアの旧植民地で国連信託統治領になったソマリアの管理をイタリアが担うなど、ドイツとは違った戦後処理を受ける。

戦後イタリアは王制を廃止し、イタリア共和国としてドイツと共にEUの主要国に躍進した。ムッソリーニに対する評価は戦後イタリアでも厳しいものがあったが、ヒトラーに対する絶対禁忌よりは穏やかであった。ムッソリーニの孫娘、アレッサンドラ・ムッソリーニは1992年からイタリア下院で長く議員を務め、その後欧州議会議員としても2回当選している。

コラム 戦前と戦後の連続——敗戦国日本のその後

ドイツ頼みで（——ナチス・ドイツによるイギリスの屈服を前提として）戦争を始めた日本は、本書で縷々述べたように、緒戦の快進撃から１９４２年６月のミッドウェー海戦での敗北、続くガダルカナルの戦いでの敗北により攻勢から守勢に転じた。南方作戦によって確保した東南アジアにおける広大な占領地帯は、インドネシア（蘭印）、インドシナ（仏印）、英領マレー等を終戦までほぼ維持し続けたが、米軍による空襲と通商破壊により日本本土との連絡は遮断された。ビルマはインパール作戦の失敗により失陥し、フィリピンは米軍によって奪還された。その他、ラバウルやトラック島を除く中部太平洋の島々（パラオ、グアム、サイパン、クェゼリン、硫黄島等）も次々に失陥し、敗北は決定的になった。

サイパン島陥落（１９４４年７月）の責任を取って総辞職した東条内閣に代わって組閣された、陸軍の小磯國昭、海軍の米内光政による連立政権下では、最高戦争指導会議でひそかに連合国との講和が模索され始めた。検討された講和の第一はまだ中立国であったソ連を仲介役とした和平工作、第二は対中（蔣介石）和平工作であった。

駐ソ大使でモスクワにいた佐藤尚武《なおたけ》を中心としてクレムリンに対し工作を行ったが、当時すでにソ連は独ソ戦を有利に進めて大攻勢に転じており、日本と連合国を仲介する意思は全くないばかりか、独ソ戦が終わった後の対日宣戦布告を連合国とひそかに取り決めていた（１９４５年２月、ヤルタ会談）。ソ連首相スターリンにはヤルタの密約よりさらに前から対日参戦構想があったものとされるが、当然日本側にはこういった態度は秘匿された。

１９４５年４月７日、米軍沖縄上陸を阻止できなかった責任と対中和平工作の失敗から小磯内閣が総辞職すると、海軍の鈴木貫太郎が組閣した。枢軸の敗北はもはや決定的であり、鈴木はいよいよ本格的な終戦工作を加速させるが、その構想はソ連頼みの一辺倒であった。

というのも、陸軍が終戦工作に強烈に反対したからだ。陸軍大臣である阿《あ》南《なみ》惟幾《これちか》は、陸軍の意見を代弁して最高戦争指導会議で終戦に絶対反対の意思を貫いた。太平洋戦争に直接接続する１９３７年からの日中戦争において、日本は中国大陸に２００万の大兵力を展開し、１９４４年４月からは１００万の陸軍兵力を大動員した「大陸打通作戦」を発動させていた。この作戦によって中国奥地の都市を占領し、「書類上は」日本占領中の朝鮮・満州・北京から同じく日本占領中のインドシナ（仏印）まで、日本の占領地帯が陸路一本でつながるという戦果を残していた。

援蔣ルートと空路支援によって様々なアメリカ式の装備を調えた中国軍は、１９３７年の日中戦争開始時よりも格段に近代化され、局所では日本軍に対し反撃作戦を成功させたものの、遂に大規模攻勢に転じることはなかった。これはひとえに、中国軍内部（国民党）の腐敗堕落が原因であった。米英から援助された物資を戦場で用いることなく、そのまま懐に入れて私腹を肥やす将軍が続出した。

米大統領ルーズベルトは、アジアにおける対日戦の主要パートナーとして蔣介石率いる国民党に期待していたが、このような腐敗堕落の報を受けて次第に幻滅し、国共合作により国民党と連携して日本軍と戦争をしていた中国共産党（毛沢東）に期待の軸を移すようになっていった。日本の敗戦後、国共内戦が再燃し中国共産党が勝利を収めたのも、こういった戦中からの国民党の腐敗堕落で中国国民からの支持を失い、国民党に非協力的な世論が形成されていたことが大きな原因となっていた。

ともあれ阿南は、表面上は戦線を拮抗させ中国大陸において健在な２００万の日本軍の存在を理由として、終戦に絶対反対した。戦争で負けているのは太平洋方面＝海軍であり、陸軍は負けていない——大まかに言えば陸軍の雰囲気はこういうものであった。そして陸軍を主体として本土決戦を行い、米英に大打撃を与え、その戦果で以て講和するという「一撃講和論」が陸軍では支配的だった。しかしその本土決戦の準備状況というのは、まことにお粗末なものであったことはすでに述べた通りである。

１９４５年５月にドイツが降伏すると、いよいよ軍内部でも敗戦が意識された。事ここに至っても、「ソ連を仲介役とした連合国との和平工作」が最大限でき得る陸軍の譲歩で、鈴木内閣もこれに従わざるを得なかった。

しかしソ連は、ドイツ降伏に前後して着々と対日戦準備を進めていた。シベリア鉄道を通じて、ドイツ軍と戦った精鋭の機甲部隊が続々と極東に送られていった。日本側は、駐日ソ連大使ヤコブ・マリクと箱根で極秘会談を行い（マリクは東京での空襲を逃れるために、箱根に駐日ソ連大使館を移転させていた）、講和を仲介してもらう見返りに、「日露戦争で獲得した南樺太の返還」「樺太における漁業権等の譲渡」「満州権益の大幅な容認」などを餌とすることを画策したが、すでに対日宣戦布告を決定しているスターリンはこれを黙殺する。モスクワにいた佐藤駐ソ大使は「ソ連を仲介役にした和平は不可能で、無条件降伏かそれに近い降伏しかない」旨を東京に打電したが、政府も大本営もソ連頼みの至極楽観的な妄想に支配されていた。

7月26日、米英中の3国首脳の連名で日本に対しポツダム宣言が発せられた。沖縄を失陥し、東京、大阪、名古屋だけではなく全国の地方都市までが米軍の空襲により灰燼に帰す中で、政府も大本営ももはや戦争継続が困難であると内心分かってはいたが、ソ連が宣言に名を連ねていないことを理由に、ソ連はいまだ対日友好的な中立の姿勢を崩していないと「錯覚」して、ソ連を通じての講和に神がかり的な期待を寄せた（ソ連は直後にポツダム宣言に加わった）。結局ポツダム宣言の内容は天皇制を揺るがしかねないと判断し、鈴木総理大臣はラジオで「ポツダム宣言を黙殺する」と発した。

8月6日、米軍が占領したサイパン島の南隣にあるテニアン島から飛び立ったＢ－29は広島市に原爆を投下して人類史上初の核攻撃を行った。続く9日、長崎市に核攻撃。広島原爆投下に際して、大本営は陸海軍合同の調査団を空路広島市に派遣したが猛火のため市内中心部に入ることはできず、翌日になって市の惨状を調査した。

しかし、「白い服を着ていた者は助かった」「防空壕に入っていた者は無傷だった」などの希少事例ばかりが報告され、当時の新聞には新型爆弾（原爆）に対し、「肌の露出を抑えること」「Ｂ－29が単独で飛行していてもこれを警戒して防空壕に入ること」などという「対処方法」が掲載され、「新型爆弾恐るるに足らず」という誤った認識が中央で広がった。当時の政府も大本営も、原爆の最も残酷な副作用・放射線障害についてこの時点で全く何の知識も持っていなかったのである。

2発の原爆の本当の恐ろしさが全国民に共有されるのは、戦後になってから、もっと言えばサンフランシスコ講和条約で日本が主権を回復し、ＧＨＱによる報道管制が解除された後（1952年～）の時代なのである。

8月8日、モスクワにいる佐藤駐ソ大使はソ連外相モロトフに呼ばれた。そこでモロトフから発せられたのは、「ソビエト連邦は、日ソ中立条約を破棄し、日本と戦争状態に入った」という一方的な通告であった。モスクワの駐ソ日本大使館の電話網は、すでにＮＫＶＤ（ソ連秘密警察）によって切断されて陸の孤島になっていた。駐ソ大使館がソ連参戦を東京に伝えることは不可能であった。

８月９日未明、ソ満国境付近に布陣した、独ソ戦の英雄ゲオルギー・ジューコフ将軍率いる約１７０万のソ連軍が一斉に満州へなだれ込んだ。ソ連だけを唯一の頼みとして楽観妄想を抱いていた政府と大本営は凄まじい衝撃を受けた。まだ放射線障害について無知だったため、２発の原爆投下より、ソ連対日参戦の方が日本政府と大本営に終戦を決意させる決定打となった。

ソ連軍の直撃を受けた満州では、関東軍がその防衛の任にあたっていたが、圧倒的なソ連軍の火力により次々に撃滅され、本来守るはずの満蒙開拓団を置き去りにして満州南部に敗走した。軍は民間人を見捨てたのだ。これが、現在でも未解決のまま残る「中国残留孤児」問題の発端である。関東軍は「泣く子も黙る関東軍」と恐れられていたが、ソ連参戦当時は多くの部隊が南方に引き抜かれてスカスカの状態で、ソ連の機械化師団に対しては、肉薄特攻以外、満足に抵抗する術を持たなかった。それでも関東軍は遅延戦術で対抗したが、結果多くの将兵がシベリアに抑留され、少なくない人々が凍土の上で没した。

スターリンは満州侵攻と同時に千島・樺太方面にも強襲上陸を仕掛けて占領を図った。海上からの強襲上陸の経験が乏しいソ連軍は、千島・樺太侵攻に際して米軍と極秘の共同訓練を行っていたことが戦後判明した。南樺太最大の都市、豊原《とよはら》（現・ユジノサハリンスク）はあっけなくソ連軍の手に落ちた。

一方、千島列島の最北部にある占守島《しゅむしゅとう》だけは全く無傷の日本軍部隊が残されており、ソ連軍の攻撃を頑強に撥ね返して孤軍奮闘した。結局千島列島全部がソ連に占領されたが、占守島における日本軍の奮戦によりソ連の侵攻が遅れ、北海道にソ連が上陸することはなかった。

スターリンは北海道東部の釧路《くしろ》市から、札幌市北部に位置する北海道西部の留萌《るもい》市を結ぶ線——北北海道を自国領とすべく計画していたが、米大統領ルーズベルトの急逝によって副大統領から昇格したトルーマンの拒否もあり、北海道攻略は未遂に終わった。言うまでもなく、この時ソ連が占領した南千島の4島の帰属が、現在でも「北方領土問題」として未解決である。

8月14日、鈴木内閣はポツダム宣言を受諾した。天皇制の問題は、「戦後の日本の政体は日本国民の自由意思による決定」とする旨のポツダム文書の内容から、「日本国民が自由意思により民主的経過を経たとしても天皇制を否定するはずがない」という解釈で継戦論者を押さえ込もうとした。それでも、本土決戦を叫ぶ陸軍を主体とした継戦論者と終戦論者とは5対5で拮抗し、昭和天皇が臨席する御前会議に最後の採決（天皇聖断）をかけた。昭和天皇は終戦を決定した。こうして日本の戦争は終わった。

8月15日正午、昭和天皇は国民に向けてポツダム宣言の受諾と終戦を発表した。「一撃講和論」の筆頭であった阿南はその日に切腹して自害した。これが現在の「終戦の日」であるが、連合国に対する降伏文書の正式調印は9月2日であり、この間にも満州の残存関東軍や千島方面での戦闘は続いていた。

米軍を主体とする連合国は、日本降伏後の占領統治にドイツと同じ複数国による分割統治を検討していたが、日本はドイツと違って本土で直接の地上戦を経験しておらず、各国による占領状態が存在していなかったため、あらためて分割線を引くのは難しい。また中国大陸や孤立した南方地帯に数百万人の日本兵や軍属がおり、その復員問題もあったので、結局分割統治は見送られ、実質的にアメリカ軍が主体となった占領軍が日本に入った。

この背景には、日本が降伏する約3カ月前に無条件降伏したドイツの本土、および東西ベルリンの分割占領体制をめぐって、ソ連が強硬な姿勢を見せるようになっており、早くも米英とソ連の間で激烈な対立の兆しが見えていたということがあった。これがのちに西側陣営と東側陣営を分かつ「冷戦」につながっていく。このように複数の要因が重なり、日本はドイツと違った戦後を歩むことになる。

天皇制は、結局、象徴天皇制として護持されることになった。昭和天皇の戦犯訴追については、特に日本軍の本土空襲（主にダーウィン空襲）によって大きな被害を受け捕虜虐待にも遭い反日感情の色濃かったオーストラリアや、日本軍の圧政に抵抗した抗日ゲリラが大量に殺害されると共に経済が破壊され、大量の餓死者を出して反日感情が熾烈だったフィリピンが強く希望したが、アメリカの意向がそれを覆した。

ニュルンベルク裁判と同様、東京で極東国際軍事裁判が行われ、日米開戦当時の総理大臣であった東条英機を筆頭に7人が死刑になった。東条内閣の直前まで総理大臣を務め、「東亜新秩序」を謳い米英に敵対姿勢を見せた近衛文麿は、戦犯訴追を恐れて米軍の憲兵が来る直前に自殺した。実際には東条も自殺を試みたが未遂に終わり、裁判に臨み絞首刑となった。

陸軍省、海軍省は、それぞれ第一復員省、第二復員省と名を変え、日本軍部は解体された。しかし満州事変を画策した首魁《しゅかい》であり、その後の日中戦争、太平洋戦争の遠因を作った陸軍の石原莞爾《かんじ》は、「戦争中に東条に嫌われ左遷されていた」という理由で訴追されなかった（実際に石原は、日米決戦を叫びながら、東条と対立したため京都府の舞鶴要塞司令官に左遷されたのち予備役に退いていた。太平洋戦争中は立命館大学国防学研究所の所長となり、同大で教授として教鞭を執っていた）。このように連合国による対日戦犯訴追には「ムラ」があった。

日本はドイツと違って、戦前の構造が大きく温存されたまま戦後社会が形成された。軍は解体され、戦争指導層は一旦公職から追放され、大日本帝国憲法は日本国憲法に改正された。だが、1950年の朝鮮戦争勃発という冷戦の前衛にあって、所謂「逆コース」の方針が取られ、旧体制を支えた人々が公職に続々と復帰した。

その代表が満州経営の第一線にあって、一時期はＡ級戦犯とされた岸信介であった。岸は東条内閣で閣僚を務めたので一応投獄されたが、不起訴になった。公職に復帰した岸は、１９５７年から約３年間総理大臣を務め、１９６０年の日米安保改定に尽力した。

岸の退陣の後、池田勇人総理大臣を経て日本の高度成長全盛期（１９６４〜72年）に実権を握ったのが、岸の実弟の佐藤栄作総理大臣であった。佐藤は沖縄返還の功績からノーベル平和賞を受賞した。そして岸の孫が、平成になってから憲政史上最長の政権を率いた安倍晋三総理大臣であった。戦争指導層とその子孫が、戦後行政のトップに複数回にわたり長く君臨する事例は、ドイツでもイタリアでも見られない日本特有の「戦前と戦後の連続」であった。

日本国憲法９条は戦争放棄と陸海空軍その他の戦力不保持を定めているが、１９５０年の朝鮮戦争勃発によって、ＧＨＱの強い意向で警察予備隊が発足し、旧軍関係者らが続々と入隊、なし崩し的に実質的な再軍備が行われて矛盾状態となった。警察予備隊は１９５２年に保安隊、そして１９５４年には自衛隊と名を変え現在に至っている。

連合国は日本の戦争構造を軍部と結託した大財閥、すなわち独占資本が原因であるとして、財閥を解体した。これにより戦後の財界は若返り、のちのトヨタやソニーなどの世界的企業が戦後日本経済の屋台骨になった。しかし財閥解体はドイツのように徹底されず、あくまで巨大企業を形式上分社化するというだけにとどまる。日本が主権を回復すると、旧財閥はグループ企業体となって高度成長の波に乗り、再び日本経済の全面をリードするようになった。

日本が日中戦争時代に整備し、集約した国家総動員体制は、現在でもメディアや電力会社の関係に深く根を下ろしている。例えば新聞は戦前百花繚乱で全国に何百紙も乱立していたが、戦時統制によって全国紙・ブロック紙・地方紙の3つに大別され、「一県一紙」体制ができあがった。すべては軍の要請による戦時報道の効率化を前提としたものだった。この体制は現在でもほとんど温存され、戦後になってこれら大新聞社を資本として民放ラジオとテレビ局が誕生し、新聞・ラジオ・テレビが同じグループ企業に属する少数寡占の巨大なメディア・コングロマリットが、戦後日本メディアを牛耳ることとなる。

また、これまた戦前百花繚乱だった電力会社は、戦時統制によって軍需生産工場への電力の安定供給の名目で全国9社体制に集約され、戦後もその9社体制は原則温存されたままである。そしてその9社における最大の企業である東京電力が、福島原子力発電所を建設・運営し、2011年にあの悲劇が起こった。

大日本帝国は日本国と名を変え、分断こそされなかったが、その帝国の体制は地下茎の如く連綿と続いている。

おわりに

私は本書の企画を幻冬舎の小木田氏からいただいたとき、本書を決して「太平洋戦争は無謀な馬鹿げた戦いであった」とか、一方で「平和とはいかに尊いのか」という安直なる方針で進めてはならないと決心した。あらためて言うまでもないが、あの戦争は無謀で馬鹿げていて、平和が尊いのは当たり前である。

しかしながら、「あの戦争は間違っていた」という主張を俯瞰するに、何がどう間違っていたのかという具体的な教育、そして「平和は大切だ」という主張もこれまた俯瞰すると、何を以て平和が尊いのかという具体的な教育を受けたことはなかった。

具体的な戦争の過程を描かずして、何がどう間違っていたのか、それを以て戦争とはいかに悲惨で平和は尊いのか、を語ることなどできないし、それだけを高らかに叫んでいたからこそ、戦後の平和教育は失敗し、「あの戦争は正しかったのだ、日本は侵略国家ではなかったのだ」という主張がネットを開くと乱舞している。

すべては、具体的で根拠のある実態を伝えるための俯瞰的知識を教職員が持ち得ずに、ただ戦争を漠然と悪として捉え、漠然と平和を唱えていたことが要因なのではないか。そして戦争の具体例を8月になると多少は報道するが、それ以外のときは全く忘却してしまっているこの国のメディアの在り方にも問題があるのではないか。

私たちの現在があるのは、すべて過去が存在するからである。過去の積み重ねが歴史である。私たちの現在は、常に過去からの背景放射によって成り立っている。そして歴史とは、常に具体的な情感を有して私たちの土台の基礎を形作っている。

戦争が終わって76年がたった。戦争を直接知らない私たちの世代でも、ただ文献を読むだけでも相当な知識を得ることができるが、かつて戦場になった場所に、私たちは簡便に行くことができるようになった。航空機全盛の時代、景色は変わったとしても私たちはその場所を、「その気になりさえすれば」訪れることができる。それによって過去からの放射がいかに質感を持って現在でもその場所にあるかが次第に判明してくる。だからなによりも私は、実際に現地に行くことを優先した。それは私のライフワークを形作っており、その結晶たるのが本書であると私は確信する。

戦争は終わったと書いたが、考えようによってはこの令和の日本であっても、その構造自体は何も変わっていないのではないか。つまり銃を持った兵士が戦地に赴くことは基本的になくなったが、戦争という極限状態の構造自体は、この現代日本にも無数に存在するのではないか。

企業同士の競争、個人間の係争、各種組織の縄張り争いや軋轢、そして人生の中で様々に経験する理不尽や難路……。銃弾が飛ばなくなっただけで、極限状態の構造は現代でも至るところに存在する。

戦時と平時は違うと言うが、２０２０年初頭から俄かに顕著となったコロナ禍に対抗する試みは世界各国で戦争と同じだと認識されている。敵兵に撃たれないというだけで、私たちは日常で、常に戦時状態にあると言っても過言ではない。二度と戦争があってはならないが、現代社会に生きる私たちが、あの戦争における数多の失敗から得るものは多い。

本書で取り上げたインパールの佐藤、宮崎。沖縄の八原。特攻を拒否した美濃部。いかに理不尽な極限状態であっても、人は己の信念を貫き、合理的な決断を迷わず実行することこそが正しいのであるという教訓は、砲撃や空襲が存在しない現代日本にあって、十二分に我々の糧となり得る形で歴史の中に存在する。

私はそうした戦争の歴史から、現代の同調圧力や理不尽に対して最も良い教科書になり得るだろうこの４人の「敗軍の名将」を抜き出した。そうでなければ、あの戦争の中で死んでいった数多の英霊が何のために没したのか。ただむなしくなるばかりである。

我々は過去に彼らが貫いた断固とした信念を糧にしなければならない。糧にしなければあの戦争が無駄になってしまうと思う。そしてそれをせずに、空虚かつ具体性の伴わない戦争の反省とか平和の尊さだけを、何の情念も熱量もなく叫び続けるとき、また次の戦争が始まるだろう。失敗から学ばない者は愚かであり、また敗戦の中の一縷の光明を拾わない者はもっと愚かではないのか。

最後に、私の遅筆に続く遅筆、ひとえに私の怠惰堕落を辛抱して原稿を待っていただき、本企画を完遂していただいた幻冬舎の小木田順子氏に心から感謝と敬意を表する。本書が戦争を知らない世代が書いた戦争本として、歴史から背景放射される一縷の質感を以て、読者の記憶と人生に少しでも焼き付けられるのならこれ以上の喜びはない。

主要参考文献

【第一部】

『インパール』高木俊朗、文春文庫、二〇一八年

『抗命——インパール２』高木俊朗、文春文庫、二〇一九年

『全滅・憤死』高木俊朗、文春文庫、二〇二〇年

『名将宮崎繁三郎——不敗、最前線指揮官の生涯』豊田穣、光人社ＮＦ文庫、一九九四年

『ビルマ戦線——歩兵第五十八連隊の回想』五八会編、元歩兵第五十八連隊、一九六四年

『太平洋戦争　日本の敗因４　責任なき戦場　インパール』ＮＨＫ取材班編、角川文庫、一九九五年

『インパール作戦従軍記——一新聞記者の回想』丸山静雄、岩波新書、一九八四年

『戦史叢書(15)　インパール作戦——ビルマの防衛』防衛庁防衛研修所戦史室、朝雲新聞社、一九六八年

【第二部】

『沖縄決戦——高級参謀の手記』八原博通、中公文庫、二〇一五年

『沖縄——日米最後の戦闘』米国陸軍省編、外間正四郎訳、光人社ＮＦ文庫、二〇〇六年

『鉄血勤皇隊』大田昌秀、ひるぎ社、一九七七年

『戦史叢書(11)　沖縄方面陸軍作戦』防衛庁防衛研修所戦史室、朝雲新聞社、一九六八年

『戦史叢書（17） 沖縄方面海軍作戦』防衛庁防衛研修所戦史室、朝雲新聞社、一九六八年

【第三部】
『彗星夜襲隊——特攻拒否の異色集団』渡辺洋二、光人社ＮＦ文庫、二〇〇八年
『復刻版　大正っ子の太平洋戦記』美濃部正、方丈社、二〇一七年
『轍——特攻せず』静岡新聞社、学研プラス、二〇一六年
『戦史叢書（19） 本土防空作戦』防衛庁防衛研修所戦史室、朝雲新聞社、一九六八年

【コラムなど全般】
『軍ファシズム運動史』秦郁彦、河出書房新社、一九七二年
『日中戦争史』秦郁彦、河出書房新社、一九六一年
『エレクトロニクスが戦いを制す——マリアナ・サイパン』ＮＨＫ取材班編、角川書店、一九九四年
『一億玉砕への道——日ソ終戦工作』ＮＨＫ取材班編、角川書店、一九九四年
『近現代日本・フィリピン関係史』池端雪浦＋リディア・Ｎ・ユー・ホセ編、岩波書店、二〇〇四年
『フィリピン民衆の歴史Ⅲ　ひきつづく過去1』レナト・コンスタンティーノ＋レティシア・Ｒ・コンスタンティーノ著、鶴見良行ほか訳、勁草書房、一九七九年
『ベルリン陥落　１９４５』アントニー・ビーヴァー著、川上洸訳、白水社、二〇〇四年
『完全分析　独ソ戦史——死闘１４１６日の全貌』山崎雅弘、学研Ｍ文庫、二〇〇七年
『ヒロシマはどう記録されたか——ＮＨＫと中国新聞の原爆報道』ＮＨＫ出版編、ＮＨＫ出版、二〇〇三年

『戦後日本経済史』野口悠紀雄、新潮選書、二〇一七年
『戦時戦後体制論』雨宮昭一、岩波書店、一九九七年
『戦時統制とジャーナリズム――1940年代メディア史』吉田則昭、昭和堂、二〇一〇年

【論文・資料】

「英国の航空作戦指導：マレー及びビルマ」マイケル・ドクリル、『平成14年度戦争史研究国際フォーラム報告書』防衛庁防衛研究所、二〇〇三年
「戦争指導者としての東條英機」戸部良一、『平成14年度戦争史研究国際フォーラム報告書』防衛庁防衛研究所、二〇〇三年
「日本の戦争指導におけるビルマ戦線：インパール作戦を中心に」荒川憲一、『平成14年度戦争史研究国際フォーラム報告書』防衛庁防衛研究所、二〇〇三年
「日本の戦争指導：3つの視点から」戸部良一、『平成19年度戦争史研究国際フォーラム報告書』防衛省防衛研究所、二〇〇八年
「緬甸作戦記録：インパール方面第十五軍の作戦」復員局、一九四九年
「ビルマ方面軍より観たる「インパール」作戦　其の一　昭和一九・九・一〇」ビルマ方面軍参謀部第一課
「南方軍作戦記録　比島、緬甸、濠北、ボルネオ」第一復員局

【映像資料】

「証言記録　兵士たちの戦争」インパール作戦　補給なきコヒマの苦闘～新潟県・高田歩兵第58連隊～ＮＨＫ、二〇〇

八年七月二八日放送
［証言記録　兵士たちの戦争］インパール作戦　補給なき戦いに散った若者たち〜京都　陸軍第15師団〜ＮＨＫ、二〇〇九年七月二五日放送

本文写真

著者撮影（＊のついているもの）／朝日新聞社／Wikimedia Commons

著者略歴

古谷経衡《ふるやつねひら》

文筆家。一九八二年北海道札幌市生まれ。

立命館大学文学部卒。一般社団法人日本ペンクラブ正会員。

時事問題、政治、ネット右翼、アニメなど多岐にわたる評論活動を行う。

テレビコメンテーターのほか、ラジオMCとしてもメディアへの出演多数。

『「意識高い系」の研究』（文春新書）、

『日本を蝕む「極論」の正体』『左翼も右翼もウソばかり』（ともに新潮新書）、

『女政治家の通信簿』『草食系のための対米自立論』（ともに小学館新書）、

『毒親と絶縁する』（集英社新書）、
長編小説『愛国商売』（小学館文庫）など著書多数。

古谷経衡公式サイトhttp://www.furuyatsunehira.com/

幻冬舎新書 633

敗軍の名将

インパール・沖縄・特攻

二〇二一年九月三十日 第一刷発行

著者 古谷経衡
発行人 志儀保博
編集人 小木田順子

発行所 株式会社 幻冬舎
〒一五一-〇〇五一 東京都渋谷区千駄ヶ谷四-九-七
電話 〇三-五四一一-六二一一(編集)
〇三-五四一一-六二二二(営業)
振替 〇〇一二〇-八-七六七六四三

ブックデザイン 鈴木成一デザイン室
印刷・製本所 中央精版印刷株式会社

検印廃止

Printed in Japan ISBN978-4-344-98635-0 C0295
ふ-22-1

幻冬舎ホームページアドレス https://www.gentosha.co.jp/
*この本に関するご意見・ご感想をメールでお寄せいただく場合は、comment@gentosha.co.jp まで。

幻冬舎新書

半藤一利

歴史と戦争

幕末・明治維新からの日本の近代化の歩みは、戦争の歴史でもあった。過ちを繰り返さないために、私たちは歴史に何を学ぶべきなのか。八〇冊以上の著作から厳選した半藤日本史のエッセンス。

半藤一利

歴史と人生

失意のときにどう身を処すか、憂きこと多き日々をどう楽しむか。答えはすべて、歴史に書きこまれている。敬愛してやまない海舟さん、漱石さん、荷風さん、安吾さんの生き方ほか、歴史探偵流・人間学のエッセンス。

中村光博

「駅の子」の闘い

戦争孤児たちの埋もれてきた戦後史

戦争で親を失い路上生活を強いられ、「駅の子」「浮浪児」などと呼ばれた戦争孤児。戦争が終わってから始まった、彼らの壮絶な闘いの日々とは？　日本中が慟哭したＮＨＫスペシャル、待望の書籍化。

島田裕巳

靖国神社

靖国神社とは、そもそも日本人にとって何か。さまざまに変遷した１４５年の歴史をたどった上で靖国問題を整理し、未来を見据えた画期的な書。靖国神社の本質がついにこの1冊で理解できる。